Kirsten Dierolf
Lösungsfokussiertes Teamcoaching

FSC
www.fsc.org

Kirsten Dierolf

Lösungsfokussiertes Teamcoaching

Mit Vorworten von Matthias Varga von Kibéd und Daniel Meier

Wir haben alle Inhaber von Urheberrechten von Inhalten dieses Buches nach bestem Wissen ausfindig gemacht und um Erlaubnis gebeten, ihre Werke zu verwenden. Falls wir etwas übersehen haben, nehmen Sie bitte mit dem Verlag Kontakt auf. Besonderer Dank geht an Ben Furman, Daniel Meier, Peter Röhrig, Christian Mühldorfer, Matthias Varga von Kibéd, Insa Sparrer, Fredrike Bannink und Peter Szabo für ihr Einverständnis mit der Beschreibung ihrer Seminar- und Buchinhalte zum Thema Teamcoaching.

Bibliografische Information der Deutschen Nationalbibliothek
Diese Publikation ist in der Deutschen Nationalbibliographie verzeichnet.
Genauere Informationen finden Sie unter http://dnb.d-nb.de

Mai 2013

Satz und Layout: Buch&media, München
Umschlaggestaltung: Kay Fretwurst, Freienbrink
Herstellung: Books on Demand, Norderstedt
Printed in Germany
ISBN 978-3-944293-00-4

Für Niklas, Kai, Maxi und Jakob –
damit ihr immer in großartigen Teams arbeiten könnt!

Inhalt

Danksagung

So ein Buch hat viele Mütter und Väter – auch wenn es nur eine niederschreibt. Zum einen sind da natürlich die vielen Teams, mit denen ich zusammengearbeitet habe, die mir erlaubt haben, Erfolge zu feiern und Fehler zu machen und aus diesen zu lernen, und die Gruppen von Teilnehmern der Workshops und Weiterbildungen zum lösungsfokussierten Teamcoach, die mir mit ihren Fragen und Fällen wichtige Impulse gaben. Aber auch ohne meine lösungsfokussierten Kollegen und ihre Impulse wäre dieses Buch nicht entstanden. Besonders nennen möchte ich Daniel Meier, Peter Szabo, Peter Röhrig, Ben Furman, Sue Young, Insa Sparrer und Matthias Varga von Kibéd, Fredrike Bannink und Mark McKergow, die mir mit Ideen und Ermutigung zur Verfügung standen.

Meine Assistentin Jutta Bleuel hat mich tagelang mit schlechter Laune ertragen, wenn ich in mein Schreibzimmer verschwand, um niederzuschreiben, was ich doch schon wusste. Meine Familie habe ich sicher auch damit genervt: Vielen Dank für eure Geduld! Jutta Bleuel und Verena Rotermund danke ich für das freundliche Lektorat. Alle übrig gebliebenen Fehler sind meine eigenen.

Vorworte

Vorwort von Matthias Varga von Kibéd

Der lösungsfokussierte Ansatz von Insoo Kim Berg und Steve de Shazer ist kraftvoll und lebendig geblieben, und dieses Buch ist ein wesentlicher Beitrag dazu, dass er weiterblüht.

Erst durch besonders engagierte und ideenreiche PraktikerInnen, die diesen wundervoll klaren und minimalistischen Ansatz aus seinem ursprünglichen Anwendungsbereich in der Familientherapie aufgegriffen und in andere Bereiche wirkungsvoll übertragen haben, wird der große Gewinn durch die Ideen und Methoden des lösungsfokussierten Vorgehens im volleren Umfang deutlich. Steve schuf viele der für eine solche Übertragung notwendigen theoretischen Grundlagen, indem er Insoo Kim Bergs geniale praktische Inspiration, Kreativität und Wahrnehmungsschärfe mit geeigneten Beschreibungen verband. »Alle Erklärung muss fort und nur Beschreibung an ihre Stelle treten.« Diesen Satz Wittgensteins zitierte Steve häufiger, und Insoo und Steve lebten eine nützliche Praxis dieser Grundidee vor.

Kirsten Dierolf ist eine dieser Praktikerinnen, verbunden freilich mit einem großen theoretischen Interesse und der Fähigkeit, Gebiete und Methoden fruchtbar zu verknüpfen. Sie folgt hier den Spuren von Insoo Kim Berg und Steve de Shazer und erweitert das Vorgehen auf das Feld des lösungsfokussierten Teamcoachings; sie erfrischt den Ansatz durch eine Vielzahl eigener kreativer Impulse, Ideen, Formate, Übungen und vor allem durch den konsequenten Bezug auf ihre eigene reiche Praxis im Umgang mit Teams und mit Lösungen für deren Anliegen. Auch erfahrene PraktikerInnen der lösungsfokussierten Beratung werden aus diesem Buch großen Gewinn ziehen können.

Unter den vielen Kostbarkeiten in diesem Buch seien nur die fantasievollen Versionen möglicher Umgangsweisen mit Kritik, schwierigen Teilnehmern und Angriffen auf den Coach besonders erwähnt; LeserInnen von Dierolfs Buch könnten geradezu etwas Vorfreude auf die nächsten schwierigen Teilnehmer entwickeln, um gerade hier ihre neuen Vorgehensmöglichkeiten fruchtbar zu erproben. Sie werden dann allerdings begonnen haben, das Verhalten anderer Menschen seltener als »schwierig« und häufiger einfach bloß als »anders« wahrzunehmen, und werden geeignete lösungsfokussierte Interventionsideen dazu entwickeln können. Dierolfs Bemerkungen zum Teambuilding und zur Arbeit mit virtuellen Teams sind ebenfalls höchst anregend für die Praxis dieser an Wichtigkeit gerade besonders zunehmenden Arbeitsfelder.

Wenn das Problem das eine ist und die Lösung das andere, scheinen Probleme und Lösungen beide noch wie Geschwister, wie Spiegelbilder voneinander; diese in der systemischen Beratung oft vertretene symmetrische Sicht von Problem und Lösung lässt Lösungen noch aus den Bestandteilen des Problems entstehen; lösungsfokussierte Arbeit geht jedoch über eine solche Gegenüberstellung von Problem und Lösung hinaus zu einer asymmetrischen Sicht, bei der die Lösung im Verschwindens des Problems besteht, unabhängig davon, wie zentral die Bestandteile des Problems für ein derartiges Verschwinden sind. Diese asymmetrische Sicht ist in gewissem Sinne keines von beidem, weder ein inhaltliches Problem noch eine inhaltliche Lösung, und ermöglicht gerade so neue und oft höchst überraschende Lösungen als Verschwinden des Problemzustands im Team – und dieses Buch enthält eine Fülle von aus der Praxis stammenden Anwendungsbeispielen dieser Art.

»Kein Plan überlebt die Kollision mit der Wirklichkeit«, schreibt Kirsten Dierolf: Dieser Satz gibt eine Essenz der lösungsfokussierten Haltung wieder. Wer diese zunächst beunruhigende Mitteilung zu begreifen begonnen hat, wird gegenüber umfassenden Schematisierungen und Kategorisierungen eine gesunde Skepsis bewahren. Diese Skepsis gilt natürlich auch einer übertriebenen Ablehnung von Theorie, denn das wäre bloß ein neuer Plan. »Ever tried. Ever failed. No matter. Try again. Fail again. Fail better«, heißt es in Samuel Becketts »Worstward Ho«: Kirsten Dierolf vermittelt, wie Sie, liebe LeserInnen, als Coaches Teams in Situationen, die diese als sehr schwierig erleben, so begleiten können, dass die Idee des Versagens selbst dekonstruiert wird – sagen Sie mal zu jemand, z. B. sich selbst, der oder die gerade aus eigener Sicht versagt hat: »Das nächste Mal versagst du besser!« Die so frei werdende Energie kommt dann der Entwicklung und Entdeckung geeigneter Handlungsoptionen zugute.

Dieses Buch hat nur gelesen, wer begonnen hat, es anzuwenden. In diesem Sinne wünsche ich Kirsten Dierolfs Buch viele es in die Praxis umsetzende LeserInnen!

Kapstadt, den 18. Februar 2013
Matthias Varga von Kibéd

Vorwort von Daniel Meier

Auf einen Schlag halten Sie hier mindestens drei Bücher in den Händen.

1) Dies ist es ein konkretes Übungsbuch für lösungsorientiertes Teamcoaching. Kirsten Dierolf schafft es auf wunderbare Weise, einfache Übungen für den interessierten Leser / die interessierte Leserin einzuflechten, die sofort im Alltag ausprobiert werden können. So kann mit der Idee der lösungsfokussierten Arbeitsweise sofort experimentiert werden – auch wenn man noch nicht direkt vor einem Team steht.

2) Dies ist ein Praxisbuch, in zweierlei Hinsicht. Einerseits begeistert das Werk durch die vielen Praxisbeispiele. Die Autorin erlaubt uns einen subtilen Blick über ihre »Teamcoach-Schultern«. Wir erkennen, wie faszinierend, wie unterschiedlich, wie leicht und wie herausfordernd Teamcoaching sein kann. Zudem dürfen wir in diesem hervorragend strukturierten Buch auch eine unglaubliche Fülle an konkreten Methoden für die unterschiedlichsten Situationen lernen. Das Beste daran ist, das Kirsten Dierolf all diese Methoden selber angewendet und ausprobiert hat. So erhalten wir eine inspirierende Vielfalt an äußerst praktischen Ideen.

3) Und natürlich ist es ein Werk, welches durch und durch von der lösungsorientierten Arbeitsweise geprägt ist. Der Autorin gelingt es mit ihrer sehr scharfsinnigen, humorvollen Art und mit ihrer äußerst breiten Erfahrung, jedem Leser und jeder Leserin die Faszination und Effizienz der lösungsorientierten Vorgehensweise näherzubringen. Dies klingt auf den ersten Blick sehr einfach. Jeder und jede, der/die jedoch schon versucht hat, das Wesen der konsequent lösungs- und ressourcenorientierten Vorgehensweise zu erklären, wird mir zustimmen: Wenn wir versuchen, jemandem theoretisch näherzubringen, was wir als lösungsorientierter Coach anderes tun, als andere

Berater oder Coaches, dann ernten wir beim Gegenüber meist eher ein skeptisches Stirnrunzeln als ein freudiges: »Ja genau!«

Als ich vor gut zehn Jahren (2004) mein erstes Buch zum Thema Teamcoaching veröffentlichte, war es wohl eines der ersten, welches die Ideen der lösungsfokussierten Kurzzeit-Beratung auf die Arbeit mit Teams übersetzte. Ich war damals überrascht, dass ich Rückmeldungen bekam, die Fragen stellten, bei denen ein leicht skeptischer Unterton nicht zu überhören war: »Kann das wirklich sein, dass in so kurzer Zeit nachhaltige Fortschritte möglich sind mit einem Team?« »Ich habe immer gedacht im Teamcoaching gehe es darum, Probleme zu lösen. Hier lese ich, dass dies eigentlich unwichtig ist und das Ziel heißt: Lösungen zu entwerfen und eine gemeinsame, erwünschte Zukunft zu erfinden. Verstehe ich das richtig – die Lösung hat so gar nicht direkt mit dem Problem zu tun?« Solche und ähnliche Fragen fand ich in meiner Mailbox.

In den letzten Jahren hat die Zahl der Veröffentlichungen zum Thema »Teamentwicklung« enorm zugenommen. Dies scheint auf einen großen Bedarf in diesen Aufgabenfeldern hinzuweisen. Die meisten der Veröffentlichungen folgen jedoch dem Trend, zur Verbesserung der Teamarbeit erst eine detaillierte »Problemanalyse« vorzunehmen, um dabei beschriebene Defizite in der Teamarbeit wirksam zu verändern. Dazu gibt es inzwischen verschiedene – auf den ersten Blick sehr einleuchtende – Vorgehensmodelle. Dies sind jedoch in den meisten Fällen eher linear-kausale Strategien (wenn A, dann immer B), die für Maschinen oder Motoren wunderbar funktionieren. Findet man die Ursache (z. B. einen Wackelkontakt im Bügeleisen), kann man sie gezielt beheben. Menschliche Systeme wie Teams beispielsweise funktionieren um einiges unberechenbarer als Maschinen. Ihre Interaktion ist hoch komplex und beeinflusst sich wechselseitig.

Die gemeinsame Welt von Menschen wird in erster Linie durch die Sprache gestaltet. Worüber wir miteinander reden, in welcher Art wir dies tun, beeinflusst unser Handeln und Denken; gemeinsam erzeugen wir so unsere aktuelle und unsere zukünftige Welt. So ist es nicht weiter verwunderlich, dass die Probleme immer komplexer und schwerer werden, wenn wir sie ausführlich analysieren und diskutieren – und umgekehrt erlaubt uns die Macht der Worte, eine Gegenwart und Zukunft zu schaffen, der wir mit Motivation, Leidenschaft und Freude angehören möchten. So gesehen ermöglicht uns die gemeinsame Kommunikation über Kompetenzen, über vorhandene Ressourcen und erfahrene Lösungsmuster, diese zu stärken, zu erweitern und effizient zu nutzen. So liegt wohl einer der zentralen Schlüssel (oder wie Steve de Shazer meinte: der Dietrich) in der Art, wie wir es schaffen, mit dem Team auf der Lösungsebene zu kommunizieren und so gemeinsam Lösungswelten auf der Basis der vorangegangenen Erfolgsmuster zu entwickeln. So benötigt der Coach oder Berater weniger problemanalytische Fähigkeiten und Tools. Gefragt – und in diesem Buch gut verständlich beschrieben – ist ein Denken und Handeln in Lösungen.

Allerdings wird diese lösungsorientierte Idee manchmal auch verkürzt und beinahe marktschreierisch als »positives Denken« angepriesen. »Positives Denken« mag ein wirklich hilfreiches Konzept sein, hat aber mit der lösungsorientierten Kurzzeitberatung herzlich wenig zu tun. Im Gegenteil erachte ich es als wichtige und entscheidende Kompetenz der beratenden Person, die Neigung der Menschen, gerne und viel über Probleme zu sprechen und Defizit-Beschreibungen zu entwickeln, wahrzunehmen und wertzuschätzen. Gerade in Teams sind die Probleme für die Teammitglieder real, und viele leiden echt daran. Sie mit Hinweisen wie »Sieh es doch mal positiv!« anzugehen, ist oft nicht hilfreich und greift eindeutig zu kurz. Es geht mehr darum, auch diese Problembeschreibungen als Kompetenzen wahrzunehmen und aktiv in eine erfolgreiche Zielentwicklung einzubeziehen.

Die Kunst des lösungsorientierten Kurzzeitcoachings besteht wohl darin, dass wir mit dem, was da ist – und egal was es auch ist –, in einer wertschätzenden Art umgehen und mit dem Blick auf die vorhandenen, zielgerichteten Energien zu arbeiten beginnen.

Sehen, was da ist und was werden kann

Als Michelangelo vor gut 500 Jahren die David-Statue schuf, war das eine ziemliche Sensation. Er wurde oft gefragt, wie er es geschafft hatte, aus diesem Marmorblock eine so grazile Statue zu schaffen. Laut Überlieferung antwortete er: »Den David habe nicht ich geschaffen. Er war schon immer da. Ich habe nur die überflüssigen Teile des Marmorblockes entfernt.«

Dies ist für mich eine treffende Metapher, die einen Kernpunkt der Coachingarbeit beschreibt: Die Aufmerksamkeit des Coaches darauf zu richten, was schon da ist – und dies zu benennen. Meist entdecken wir so, dass der Kunde bzw. das Team schon alles hat, was er/es für seine Zielerreichung braucht. Es ist bereits da – und unser Part ist es, Möglichkeiten zu schaffen, all das zu entdecken und nutzbar zu machen. Dadurch schaffen wir einen Rahmen, in welchem es dem Team leicht fällt, den eigenen »David« zu leben.

Und dazu finden wir viele konkrete Beispiele und Ideen im vorliegenden Buch, was es zu einem wirklichen Gewinn für uns Coaches und Berater macht. Kirsten Dierolf versteift sich nicht auf *eine* Vorgehensweise oder auf *einen* strukturierten Ablauf. Sie schafft es, verschiedene, andernorts beschriebene lösungsorientierte Vorgehensweisen in ihre Darstellung einzubeziehen, darzustellen und hilfreich zu kommentieren. So gewinnen wir als Leser einen hilfreichen Über- und Einblick in verschiedenste Abläufe und Strukturen für konkrete Teamcoachingprozesse. Und die Autorin zeigt eindrücklich auf, wie man die verschiedenen lösungsorientierten Modelle gleichsam tänzerisch und elegant nutzen, kombinieren und auch wieder verlassen kann, um passgenau auf die jeweilige Teamsituation einzugehen.

Ich wünsche diesem Buch eine große Breitenwirkung. Möge es uns daran erinnern, welche Verantwortung wir als Coach haben – und mögen wir immer wieder aufs Neue von der hier vermittelten, freudig-professionelle Leichtigkeit in der Arbeit mit Teams angesteckt werden.

Daniel Meier *Bremgarten, Januar 2013*
solutionsurfers®

Einleitung

Lösungsorientiertes Teamcoaching ist eine einfache, respektvolle und sehr effektive Art, Teams weiterzuentwickeln. Anders als viele andere Publikationen zur lösungsfokussierten Beratung, in denen hauptsächlich und mit gutem Grund beschrieben wird, was lösungsfokussierte Beratung leistet, beschreibt dieses Buch im ersten Kapitel auch, was lösungsfokussierte Beratung unterlässt. Sie lernen die Grundlagen und Hintergründe lösungsfokussierten Teamcoachings kennen und erhalten so eine gute Basis für die Entwicklung eigenen Vorgehens.

Im zweiten Kapitel geht es um die Unterschiede lösungsfokussierten Teamcoachings zur Einzelberatung – keine Angst, es sind keine weitgehenden Kenntnisse der lösungsfokussierten Einzelberatung notwendig, um dieses Kapitel zu verstehen und die Tipps anzuwenden. Sie lernen, wie Sie als Teamcoach multiparteilich sein können, auf was der Teamcoach besonders achtet und wie er am nützlichsten zuhört.

Die Werkzeuge lösungsfokussierten Teamcoachings werden im dritten Kapitel beschrieben. Hier finden Sie viele Übungen und Moderationsformen zu den unterschiedlichen Phasen im Teamcoaching-Prozess und auch weitere Formate, die in Workshops zu Teamcoaching eingesetzt werden können. Abschließend erfahren Sie noch, wie man Teamübungen aus anderen Ansätzen im lösungsfokussierten Teamcoaching (lösungsfokussiert umgewandelt) einsetzen kann.

Einen Überblick über mögliche Teamcoachingprozesse und deren Abläufe bietet das Kapitel 4. Sie finden eine Beschreibung des Prozesses, den SolutionsAcademy meist anwendet, aber auch einen Überblick über Daniel Meiers SolutionCircle und Ben Furmans und Tapani Aholas Reteaming und Twin Star. Lösungsfokussierte Beratung und Agile-Project-Management haben viel gemeinsam. In Kapitel 4 vergleichen wir die beiden Ansätze.

Im fünften Kapitel widmen wir uns – vielleicht nicht ganz lösungsfokussiert – schwierigen Situationen, die im Teamcoaching (und nicht nur dort, sondern wahrscheinlich in jeder Moderation von Gruppen) auftauchen können: negative Teilnehmer, Angriffe auf den Coach, Vielquassler oder Garnichts-Sager.

Einige wichtige Auftragsanlässe werden im Kapitel 6 beschrieben: Wie können Sie als lösungsfokussierter Teamcoach bei Konflikten vorgehen, wenn Mobbing als Thema im Raum steht, bei Aufträgen zum Teambuilding oder wenn Sie ein »Virtuelles Team« coachen sollen?

Neben theoretischen Überlegungen und praktischen Tipps und Umsetzungshinweisen bietet dieses Buch viele Fallbeispiele – diese sind uns so oder ähnlich passiert. Wir haben uns bemüht, die Beispiele so zu verfremden, dass sich kein Klient wiedererkennt. Außerdem gibt es einige Übungen – wenn Sie Lust haben, führen Sie sie durch, und lassen Sie sich von Ihrer neu gewonnenen Kompetenz überraschen.

Jedes Buch ist so etwas wie ein Schuhladen – Sie kommen herein, probieren das eine oder andere an und sehen, was Ihnen steht oder was Ihnen passt. Bitte halten Sie es hier genauso: Was Ihnen passt, übernehmen Sie – was nicht, lassen Sie weg. Wenn Sie mit anderem Vorgehen mehr Erfolg hatten – bleiben Sie dabei. Wir wären die Letzten, die Ihnen empfehlen würden, etwas zu verändern, was doch gut funktioniert. Vielleicht aber wird Ihr Schuhschrank ja auch voller, und Sie bekommen Lust, auch mal etwas anderes auszuprobieren – über Rückmeldungen und Fragen freuen wir uns immer.

Zum Schluss noch eine wichtige Bemerkung zum Begriff »Teamcoach«, für den es im Deutschen leider keine weibliche Entsprechung gibt. Wenn in diesem Buch also nur der vermeintlich männliche, also *der* Teamcoach erwähnt wird, ist das allein der Tatsache geschuldet, dass sich »die Teamcoach« für deutsche Ohren seltsam anhört. Natürlich gibt es zahlreiche Frauen, die als Teamcoach fantastische Arbeit leisten, und natürlich schließt der Begriff »Teamcoach« in diesem Buch auch sämtliche Frauen ein, die diese Tätigkeit ausüben. Das gilt selbstverständlich auch für alle anderen Begriffe, für die es im Deutschen keine entsprechende weibliche Form gibt.

Grundlagen lösungsfokussierten Teamcoachings

Ansätze lösungsfokussierten Teamcoachings

Lösungsfokussiertes Teamcoaching folgt den Grundsätzen lösungsfokussierter Beratung, wie sie von Insoo Kim Berg und Steve de Shazer zwischen 1980 und 2006 entwickelt wurde. Die beiden arbeiteten hauptsächlich im therapeutischen Bereich, und die einzigen »Teams«, die dort Unterstützung suchten, waren – zumindest anfänglich – Familien. Man kann aus den familientherapeutischen Gesprächen (zum Beispiel aus dem Video »Together in the middle of the bed« [Shazer, S. & Berg, I. K., 1997]) von den beiden trotzdem viel über den lösungsfokussierten Umgang mit mehreren Personen lernen. In den letzten beiden Jahren vor ihrem Tod gab Insoo Kim Berg auch Seminare zum Thema Teamcoaching. Meines Wissens nach hat sie aber dazu nichts geschrieben. Nach Steve de Shazer und Insoo Kim Berg entwickelten Mark McKergow und Paul Z Jackson (Jackson, P. & McKergow, M., 2002), Ben Furman und Tapani Ahola (Furman, B. & Ahola T., 2004), Daniel Meier (Meier, D., 2005), Louis Cauffman und Kirsten Dierolf (Cauffman, L. & Dierolf K., 2007), Fredrike Bannink (Bannink, F., 2010) und viele andere die Ideen lösungsfokussierter Therapie weiter und machten sie für Organisationen nutzbar, indem sie die Sprache und Arbeitsweisen an den Organisationskontext anpassten.

Im Folgenden möchte ich die Grundlagen lösungsfokussierten Arbeitens, wie sie Steve de Shazer, Yvonne Dolan und Harry Korman 2008 in »Mehr als ein Wunder« niedergelegt haben, auf Teamcoaching anwenden (Shazer, S., Dolan, Y. & Korman, H., 2008: S. 23–25) und dabei lösungsfokussiertes Vorgehen von anderen Arbeitsweisen abgrenzen. Die Abgrenzung dient hier der Klarheit des Lesers oder der Leserin, was lösungsfokussiertes Vorgehen ist und was eher nicht dazu gehört, und nicht etwa der Bewertung oder gar Abwertung. Selbstverständlich gehe ich davon aus, dass viele Ansätze in der Beratung funktionieren. Es läge mir fern, Menschen, die seit

Jahren etwas erfolgreich und mit positivem Feedback von Klienten tun, zu empfehlen plötzlich etwas anderes zu tun. Für Klienten und Lernende ist Begriffsklarheit von Vorteil: Man weiß, was man lernt oder kauft und was nicht. Daher hier auch die – vielleicht im lösungsfokussierten Umfeld eher unübliche – Abgrenzung von anderen Ansätzen.

Was nicht kaputt ist, muss man auch nicht reparieren

Es geht um die Anliegen der Teammitglieder und das Coaching endet, wenn diese zur weitgehenden Zufriedenheit der Teammitglieder bearbeitet worden sind.

Auf Teamcoaching oder Teamentwicklung bezogen klingt dieser Satz zunächst viel zu simpel, und es gibt wohl kaum Berater, die ihm auf den ersten Blick nicht zustimmen würden. In der lösungsfokussierten Therapie steht das Anliegen des Klienten im Vordergrund: Sobald der Klient oder die Klientin eine für sie oder ihn ausreichende Lösung gefunden hat, endet die Therapie. Der Therapeut oder die Therapeutin trägt keine eigenen Anliegen (wie etwa die innere Reifung des Klienten o. Ä.) an diesen heran. Genauso verhält es sich auch im lösungsfokussierten Teamcoaching: Es geht um die Anliegen der Teammitglieder und das Coaching endet, wenn diese zur Zufriedenheit aller Teammitglieder bearbeitet worden sind. Die Teammitglieder geben die Themen vor – nicht der Berater oder die Beraterin.

Es gibt Ansätze, die vorgefertigte Idealzustände eines Teams erreichen möchten. Rollenmodelle (z. B. Belbin, R. M., 1981) gehen davon aus, dass ein Team am besten funktioniert, wenn es ein gutes Gleichgewicht der von einzelnen Teammitgliedern präferierten Rollen gibt. Persönlichkeitsprofile wie MBTI (Briggs Myers, I. & McCaulley, M. H., 1992), DISC (Gay, F., 1999), Insights (http://www.insights-group.de) gehen davon aus, dass der Persönlichkeitsmix in einem Team zur jeweiligen Aufgabe passen muss und

Wenn es eine lösungsfokussierte Grundannahme gibt, dann die, dass niemand morgens zur Arbeit kommt, um einen schlechten Job zu machen.

dass es hilfreich ist, wenn die Teammitglieder die Vorteile von jeweils anderen Persönlichkeitsprofilen kennen. Phasenmodelle der Teamentwicklung (z.B. Tuckman, B. W., 1965) postulieren eine idealtypische Entwicklung von Teams und empfehlen ein jeweils der Teamphase entsprechendes Verhalten der Führungskraft und der Teammitglieder. Diese diagnostischen Instrumente und die idealtypisch vorgeschlagenen Entwicklungen für Teams finden in der lösungsfokussierten Beratung keine Anwendung. Falls ein Kunde nach Anwendung eines derartigen »Instruments« eine lösungsfokussierte Beratung wünscht, werden die Ergebnisse aufgenommen und mit den Teammitgliedern konkretisiert, sodass zum Schluss wieder an den Zielvorstellungen der Teilnehmer gearbeitet wird und nicht an einem für alle Teams postulierten Idealzustand.

Wenn es eine lösungsfokussierte Grundannahme gibt, dann die, dass niemand morgens zur Arbeit kommt, um einen schlechten Job zu machen, oder umgekehrt formuliert, dass jedes Teammitglied im Grunde zum Erfolg beitragen möchte. Dies ist eine Annahme, die uns das Arbeiten mit Teams erleichtert – wir wissen selbstverständlich, dass sie nicht »richtig« ist. Dies ist eine generelle philosophische Haltung lösungsfokussierten Vorgehens.

Das, was funktioniert, sollte man häufiger tun

Dieser Grundsatz lösungsfokussierten Arbeitens weist den lösungsfokussierten Teamcoach darauf hin, dass es in jedem Team Verhaltensweisen, Prozesse, Lösungen gibt, die gut funktionieren. Die Frage an das Team: »Was möchten Sie gerne beibehalten?« ist daher sehr wichtig. Im lösungsfokussierten Teamcoaching ist es genauso wichtig zu analysieren, was beibehalten werden soll, wie zu erforschen, was verbesserungswürdig ist. Analyseverfahren wie z.B. »Teamfragebögen«, die vorgegebene Parameter abfragen (z.B. Zieltransparenz, Rahmenbedingungen, Organisationsstruktur, Informationsmanagement, Mitarbeitereinsatz, Mitarbeiterent-

In jedem Team gibt es Verhaltensweisen, Prozesse und Lösungen, die gut funktionieren.

wicklung, interne und externe Kommunikation etc.) konzentrieren sich in der Auswertung meist auf die angegebenen Schwächen des Teams. Wenn z. B. die Befragung ergibt, dass viele Teammitglieder angekreuzt haben, dass die »Kommunikation« »weniger gut« ist, wird der Teamcoach möglicherweise ein Kommunikationstraining empfehlen in der Annahme, dass er oder sie weiß, was gute Kommunikation im Allgemeinen und für dieses Team bedeutet. Ein lösungsfokussierter Teamcoach träfe diese Annahme nicht, sondern würde eruieren, wie genau eine verbesserte Kommunikation für das jeweilige Team aussieht.

Im lösungsfokussierten Ansatz wird bei der Betrachtung dessen, was funktioniert, ein genaues Augenmerk darauf gerichtet, wie die Teammitglieder es schaffen, die gut funktionierenden Prozesse, Verhaltensweisen,etc. aufrechtzuerhalten. Kommt z. B. eine Aussage wie: »Wir haben trotz aller Schwierigkeiten ein gutes Miteinander«, wird der lösungsfokussierte Teamcoach fragen: »Interessant – können Sie mir sagen, wie Sie das schaffen? Was tun Sie, um ein gutes Miteinander aufrechtzuerhalten? Was tut jeder Einzelne? Was tut die Führungskraft?«

Wenn etwas nicht funktioniert, sollte man etwas anderes probieren

Dieser lösungsfokussierte Grundsatz richtet sich sowohl an den Berater oder die Beraterin als auch an das zu beratende Team. Er ist genauso einfach und ersichtlich wie der vorhergehende, wird aber nichtsdestotrotz immer wieder gebrochen. Ein Team hat z. B. eine gute Idee für eine Prozessvereinfachung, die im Grunde Geld sparen sollte. Diese Prozessvereinfachung zeigt aber nach kurzer Zeit immer wieder Schwierigkeiten. Sie will nicht recht funktionieren. Anstatt sie einfach wieder abzuschaffen, werden viele Teams versuchen, sich nur intensiver an den neuen Prozess zu halten. Das Scheitern wird den Teammitgliedern zugeschoben und nicht dem, was nicht funktioniert. Anstatt intensiver zu betreiben, was aus Sicht der Teammitglieder über längere Zeit nachweislich nicht funktioniert, wäre es wahrscheinlich einfacher, etwas anderes auszuprobieren.

Beispiel 1: **Die automatisierte Reisekostenabrechnung**

Ein Unternehmen hatte die Reisekostenabrechnung zur Entlastung der Buchhaltung automatisiert. Anstatt die Belege in einen Umschlag der Hauspost zu stecken und eine handgestrickte Excel-Tabelle anzuhängen, sollte von allen Außendienstmitarbeitern ein einheitliches SAP-fähiges Formular ausgefüllt werden, was dann automatisch einer Verarbeitung im System zugeführt würde. Für die bessere Zuordnung musste jeder Außendienstmitarbeiter die richtigen Codes für die Abteilung, den Anlass etc. eingeben. Ein kleines Team von deutschen und ein etwas größeres Team von polnischen Mitarbeitern sollten dafür sorgen, dass eine korrekte Abrechnung erfolgt: im Grunde eine gute Idee.

Wir gehen davon aus, dass jedes Team mit uns kooperieren will.

Dummerweise war es für die Außendienstmitarbeiter anscheinend schwierig, das Formular auszufüllen, und alles ging ein wenig drunter und drüber. Im Teamtraining mit den Mitarbeitern der Reisekostenabrechnung ging es immer wieder um die verschiedenen Versuche, die bislang unternommen worden waren, den Außendienstmitarbeitern das Abrechnungsformular schmackhaft zu machen. Unvorteilhafte Vermutungen (»Die sind einfach zu ...«) kreisten im Raum und man begann sich gegenseitig die Schuld in die Schuhe zu schieben: »Klar, wenn die bei DIR anrufen, machst du das schnell – ICH habe die Zeit nicht ...« Training für die Außendienstmitarbeiter hatte nicht funktioniert, Strafen (»Dann bearbeiten wir die Reisekostenabrechnung erst zwei Monate später«) auch nicht. Dennoch wollte das Team diese Anstrengungen intensivieren: »Wir müssen einfach alle noch einmal zu einem Training ZWINGEN.«

Ich fragte zunächst, wie sie denn die Situation überhaupt aushielten: »Galgenhumor«, »Ach, einige Außendienstler sind ja ganz nett«, »Naja, wir können es im Grunde ja verstehen.«

Dann überlegten wir, was – wenn überhaupt – denn wenigstens ein bisschen funktioniert. Die TeilnehmerInnen meinten, dass das persönliche Gespräch (das sie ja nicht mehr wollten, weil es so zeitintensiv sei) immer noch ganz gut funktioniert: »Wenn man nebeneinander sitzt und genau erklären kann, wo welche Zahl hin muss, dann versteht es auch der Letzte.« Nach einigem Überlegen kam eine Teilnehmerin dann auf die Idee, dass die Gruppe doch eine wöchentliche Sprechstunde einrichten könnte. Dort würden sie individuell auf Fragen eingehen und auch Außendienstler gezielt einladen, die das System noch nicht verstanden hatten. Als ich ein paar Monate später nachfragte, war dieses Konzept ein voller Erfolg geworden: Wenn etwas nicht funktioniert, tu etwas anderes!

Auch der Berater oder die Beraterin profitiert davon, etwas anderes zu tun, wenn das, was gerade läuft, nicht funktioniert. Wir gehen davon aus, dass jedes Team mit uns kooperieren will und dass jedes Verhalten dem Coach gegenüber kooperativ ist (auch wenn das zunächst vielleicht nicht so aussieht). Wenn uns ein Team wissen lässt, dass das gegenwärtige Vorgehen nicht funktioniert, können wir uns bedanken und fragen, was nützlich wäre, anstatt anzunehmen, dass sich das Team »im Widerstand« oder »in der Storming Phase« befindet und wir nur intensiver betreiben müssen, was wir gerade taten. Unserer Erfahrung nach ist gerade diese Einstellung eine große Entlastung für den oder die Teamcoach. Wir sehen uns als Prozessbegleiter und haben nicht den Anspruch, mehr über das Team und was gerade nützlich ist zu wissen als das Team selbst. Unsere Aufgabe ist es, dem Team bei der Zielfindung und -erreichung zu helfen und die positiven Signale der Kooperation zu verstärken. Steve de Shazer sagte einmal, dass man Rapport einfach nur nicht verlieren dürfe – es sei gar nicht nötig, groß daran zu arbeiten.

Steve de Shazer sagte einmal, dass man Rapport einfach nur behält – es sei gar nicht nötig, groß daran zu arbeiten.

Beispiel 2: **Das Problem muss auf den Tisch**

Ein schwedisches Unternehmen hatte sowohl einen italienischen als auch einen deutschen Mittelständler übernommen. Sowohl das italienische als auch das deutsche Unternehmen arbeiteten im Bereich der Automobilzulieferung. Im Zuge der Integration sollte eine gemeinsame europäische Verkaufsstrategie entwickelt werden. Leider stellte sich dies schwieriger dar als zunächst erwartet. Einerseits redeten die Teams nicht oft genug miteinander, und andererseits war durch ungeschickte Anreizstrukturen ein Konflikt zwischen beiden Salesteams programmiert. Die kulturellen Unterschiede taten ein Übriges. In einem ersten Workshop hatten wir am Verständnis füreinander gearbeitet. Es gab einen detaillierten Aktionsplan und eine Verabredung, diesen bis zum nächsten Meeting abgearbeitet zu haben.

Leider war bis zum nächsten Meeting fast nichts geschehen, obwohl die beiden Teams im ersten Workshop auf einer Zuversichtsskala von 1 bis 10 (10 bedeutete: sehr zuversichtlich, dass die beschlossenen Maßnahmen nützlich sind und durchgeführt werden) auf einer 8–9 waren. Es lag nahe, dass ich mich als Teamcoach hier erst einmal dafür verantwortlich sah: »Was hatte ich falsch gemacht?« Glücklicherweise erinnerte ich mich aber schnell an das lösungsfokussierte Vorgehen bei den »Experimenten«, die im Einzelcoaching mit den Klienten vereinbart werden. Wenn die Klienten das Experiment nicht durchführen, sehen wir es nicht als Mangel an Kooperation, sondern im Gegenteil als Kooperation mit dem Prozess: Die Klienten tun das, was für sie sinnvoll ist – auch wenn es etwas anderes ist, als was vereinbart wurde.

Anstatt also zu thematisieren, warum das Zugesagte nicht erledigt wurde, und damit die Zusammenarbeit zwischen den Teams und mir zu gefährden, fragte ich, was denn an diesem Tag passieren musste, damit tatsächlich ein

> Wir sollten den Leidensdruck der Teilnehmer nicht einfach wegwischen.

Fortschritt erreicht werden kann. Der Leiter des deutschen Teams sagte recht laut und ungehalten: »Die Probleme müssen endlich auf den Tisch – so geht es nicht weiter. Wir wollen zusammenarbeiten, aber so, wie das bei uns läuft, klappt das nicht.« Viele nickten. Ich fragte bei allen kurz nach, was denn daran besser wäre, wenn die Probleme auf dem Tisch lägen, und erhielt die Antwort, dass dann größere Klarheit da wäre und man ohne Scheu daran arbeiten könnte. Als lösungsfokussierte Beraterin gefiel mir dieses Vorgehen gar nicht – aber es war das, was die Teilnehmer für nützlich hielten. Ich sagte also zu, dass wir im nächsten Schritt die Probleme auf den Tisch bringen würden, und rief eine Kaffeepause aus (ein guter Rat für alle Teamcoaches – wenn Sie nicht mehr weiterwissen, gönnen Sie sich eine Pause, um zu überlegen). In dieser Kaffeepause rief ich meinen geschätzten Kollegen Daniel Meier an, der glücklicherweise gleich ans Telefon ging. Er erzählte mir, dass er einmal mit einer Gruppe in einer ähnlichen Situation tatsächlich »die Probleme auf den Tisch« gebracht hatte, indem er die Teilnehmer bat, alle wichtigen Probleme auf Moderationskärtchen zu schreiben und auf den Tisch zu legen. Mein Seminar fand in einem schönen italienischen Tagungsambiente statt – und dort befand sich ein großer antiker Tisch, den ich nach der Kaffeepause für genau diese Übung nutzte. Die Teilnehmer schrieben Moderationskärtchen (fünf pro Teilnehmer, zu viele Probleme sind dann auch wieder nicht gut), legten sie auf den Tisch und wir clusterten die wichtigsten Probleme (Clustern: nach Themen sortieren). Ich arbeitete dann mit der Gruppe daran, die drei wichtigsten Probleme in Ziele zu verwandeln (z. B. Problem: »Unsere Anreizstruktur passt nicht zu unseren Zielen« in »Was müssen wir tun, um zu einer passenderen Anreizstruktur zu kommen?«), die diese dann in Kleingruppen bearbeiteten.

Es kann immer sein, dass Teilnehmer (gerade in sehr problemorientierten Umfeldern) zunächst mit lösungsfokussiertem Vorgehen nichts anfangen können – sie halten es nicht für möglich, dass man ohne Problemanalyse zu einer Verbesserung kommen kann. Als Berater sollten wir auch diese Idee, wenn sie geäußert wird, als Versuch sehen, mit uns zu kooperieren und sich für das Ergebnis zu engagieren. Wir sollten uns nicht das Heft aus der Hand nehmen lassen und tatsächlich in die Problemanalyse absteigen (das führt meistens zu »Wer ist daran schuld?«), aber doch das Anliegen und die Probleme ernst nehmen. Oft gibt es auch im Alltagsgeschäft keine Möglichkeit einmal offen anzusprechen, was schiefläuft. Genauso wie bei Einzelcoachings sollten wir den Leidensdruck der Teilnehmer nicht einfach wegwischen. Das Wichtigste ist aber: Jedes Verhalten ist Kooperation (auch wenn es nicht so aussieht) und wenn das, was wir gerade tun, nicht funktioniert – machen wir einfach unter Absprache mit den Teilnehmern etwas anderes.

Kleine Schritte können zu großen Veränderungen führen

Durch jeden kleinen Schritt ändert sich das Gesamtsystem und neue Interaktionen werden möglich.

Wie im Einzelcoaching gehen wir auch beim Teamcoaching davon aus, dass die Lösung oder Verbesserung in kleinen Schritten zwischen den Sitzungen erreicht wird und nicht unbedingt durch eine großes »Aha«-Erlebnis während der Sitzung (deswegen sind lösungsfokussierte Gespräche meist sehr wirksam, aber unspektakulär und eignen sich schlecht für Fernsehübertragungen à la Supernanny oder Schuldencoach). Durch jeden kleinen Schritt ändert sich das Gesamtsystem und neue Interaktionen werden möglich. In der Komplexität menschlichen Zusammenarbeitens ist auch schwer planbar, was eine Änderung letztlich auslöst – am besten, man bleibt im Experimentiermodus: Wenn etwas funktioniert, tut man mehr davon, wenn nicht, etwas anderes. Meine Präferenz bei Teamcoachings liegt daher auch bei längeren Prozessen eher in der Kürze: eine gute Auftragsklärung, ein oder zwei kurze Workshops und eine gute Nachbereitung und Weiterverfolgung der vom Team genannten Ziele.

Ein typischer Teamcoachingprozess sieht ungefähr so aus:

Die Auftragsklärung ist meistens ein Gespräch mit der Personalabteilung und der Teamleitung. Die Einzelinterviews sind kurze Gespräche mit möglichst vielen Teammitgliedern. Anschließend bekommt das Team einen Bericht über die im Workshop gewünschten Themen. Meistens sind die Workshops vier bis sechs Stunden lang, der erste etwas länger als der zweite. Das Follow-up geschieht entweder als Besprechung vier bis sechs Monate nach Start des Prozesses oder als erneute Telefonate mit den Teammitgliedern darüber, was inzwischen gut funktioniert hat und was noch Aufmerksamkeit benötigt.

Dieses Verfahren ist im heutigen Organisationskontext hoch anschlussfähig: Einerseits bindet es nicht zu viel Zeit der Teammitglieder und sie werden nicht lange von der Arbeit abgehalten, und andererseits ist ein Transfer des im Teamcoaching Erarbeiteten unumgänglich. Es ist klar ersichtlich, dass hier eine gute Chance für ein »Return on Investment« besteht. (Natürlich, wenn die Teammitglieder nichts verbessern wollen oder müssen, ist eine Umsetzung auch hier gefährdet. Aber auch das fällt spätestens in den Interviews auf, und man spart sich einfach den Rest). Das inkrementelle Vorgehen ist vielen Unternehmen auch durch Methoden wie den »kontinuierlichen Verbesserungsprozess« oder »Total Quality Management« bekannt und anerkannt. Für die Sichtbarmachung des Fortschrittes ist die lösungsfokussierte Methode des »Skalierens« (siehe unter Werkzeuge) sehr nützlich.

Für manche ehrgeizige Teams ist manchmal schwer zu verstehen, dass wir lösungsfokussiert nicht gleich den ganzen Prozess der Zielerreichung mit Meilensteinen, Verantwortlichen und Budget planen. Es ist eher ein Experimentieren, Beobachten von ersten Erfolgen als das, was Daniel Meier und Peter Szabo so schön »Machbarkeitswahn« nennen. Meist wird ein Teamcoaching anberaumt, um Zwischenmenschliches zu klären, eine Strategie zu entwickeln, die Zusammenarbeit zu verbessern oder Konflikte zu klären. In diesen Bereichen ist nicht wirklich vorhersagbar, was nach jedem Schritt passiert – daher macht es wenig Sinn, weiter zu planen als die nächsten sichtbaren Schritte. Die Idee hinter dem Wunsch etwas »durchzuplanen« ist ja meist, dass das Team den Erfolg sichern möchte. Wenn ich erkläre, dass der Erfolg besser und passgenauer zu erreichen ist, wenn das Thema immer wieder auf der Tagesordnung steht und darüber gesprochen wird, was schon erreicht wurde und was noch passieren muss, verstehen die meisten Teams, dass auch dies sicher zum Erfolg führt. In der Softwareentwicklung ist unter dem Thema »Scrum« oder »Agiles Projektmanagement« inkrementelles Vorgehen auch als Arbeitsmethode schon etabliert, sodass man auch hier begrifflich anschließen kann, wenn man die Gründe seines Vorgehens erläutert.

Die Lösung hängt nicht zwangsläufig mit dem Problem direkt zusammen

»Die Lösung hängt nicht zwangsläufig mit dem Problem direkt zusammen« so lautet die Übersetzung von »The solution is not necessarily directly related to the problem« in »Mehr als ein Wunder«. In der deutschen Übersetzung hat es den Anschein, als gäbe es Lösungen, die direkt mit dem Problem zusammenhängen. Mit »necessarily directly related« ist aber unseres Erachtens eher das philosophische »notwendig« gemeint als das Ausnahmen erlaubende »zwangsläufig«. Vielleicht wäre »Lösung und Problem stehen in keiner notwendigen und direkten Beziehung« klarer (aber wahrscheinlich komplizierter). Es ist nicht so, als gäbe es eine Art von Problemen, die mit der Lösung direkt zusammenhängen und eine andere, die nicht mit ihr zusammenhängen. Man bemerkt die Lösung am Verschwinden des Problems (wie Matthias Varga von Kibéd schreibt). Es hängt vom betrachteten System ab, ob eine Verbindung konstruiert werden kann oder nicht. Ludwig Wittgenstein prägte im »Traktatus Logico Philosophicus« (6.431) den Satz: »Die Welt des Glücklichen ist eine andere als die des Unglücklichen« – es ändert sich also mit der »Lösung« die ganze Welt für diejenigen, die von einem Problem belastet sind. Die im Folgenden beschriebene Wunderfrage in der lösungsfokussierten Beratung zielt darauf: Die Klienten sollen insgesamt beschreiben, wie eine Welt ohne Problem aussähe, und aus dieser Beschreibung ergeben sich neue Sichtweisen und Möglichkeiten.

Lösungsfokussiertes Vorgehen ist ein Experimentieren, Beobachten von ersten Erfolgen weit jenseits des »Machbarkeitswahns«.

Viele Aufträge zur Teamentwicklung oder zum Teamcoaching beginnen mit einer Problemschilderung – entweder durch die Personalabteilung oder durch die Vorgesetzten des Teams. Wenn wir annehmen, dass die Lösung und das Problem nicht direkt verbunden ist, ist diese Problemschilderung (so verständlich das Bedürfnis ist) für die Lösung zunächst nicht wichtig. Wichtig ist, zu erfahren, wie es denn sein soll, wenn das Problem sich gelöst hat. Anders als viele andere Ansätze des Teamcoachings geht lösungsfokussiertes Teamcoaching daher nicht von der Problemerkenntnis über die Problemanalyse zur Problemlösung, sondern versucht, die oben erläuterte Beschreibung einer »Welt ohne Problem« zu erfragen. Für die Abkehr von der Problemanalyse gibt es zwei Gründe: Zum einen kann man in einer komplexen Welt mit freien, voneinander beeinflussten Entscheidern nicht wirklich ein Problemursache für Themen des menschlichen Miteinanders ausmachen, zum anderen führen Problemanalysen in Unternehmen schnell zu einem negativen Teufelskreis.

Wir verwandeln Probleme in Ziele – deshalb ist eine Problemanalyse nicht nötig.

In der lösungsfokussierten Beratung werden geschilderte Probleme durch die entsprechenden Fragen (z. B. »Was anstatt?« oder »Angenommen, das Problem ist gelöst, was ist dann besser?«) in die Schilderung von erwünschten Lösungen geführt. Streng lösungsfokussiert geht es um die Beschreibung der Welt ohne Problem, also um eine Beschreibung, die nicht unbedingt nur die »Lösung« des einen Problems beinhaltet.

Ben Furman und Tapani Ahola fassen dies in ihrem Buch »Twin Star« (Furman, B. & Ahola T., 2004: 78) etwas enger auf. Sie schreiben:

> *»Für jedes Problem existiert ein entsprechendes Lösungsziel. Wir müssen es nur herausfinden und dann das Problem in dieses entsprechende Ziel verwandeln. Wenn das Problem z.B. darin besteht, dass im Betrieb die Kommunikation nicht funktioniert, dann ist das dem Problem entsprechende Ziel: Die Kommunikation soll funktionieren.«*

Problemanalyse führt schnell zu einem negativen Teufelskreis.

Ben Furman und Tapani Ahola zeigen diesen auch in »Twin Star« (Furman, B. and Ahola T., 2004: 75) auf: Fokussierung auf Probleme ▶ Analyse ihrer Ursachen ▶ anklagende Erklärungen ▶ Bedürfnis, sich zu verteidigen ▶ schlechte Gemütsverfassung (oder Laune) ▶ keine kreativen Lösungen ▶ keine Verbesserung ▶ Erklärung der fehlenden Verbesserung ▶ neue anklagenden Erklärungen ▶ Bedürfnis, sich zu verteidigen usw. Praktisch haben wir das in einigen Auftragsklärungsgesprächen so erlebt: Das Problem des Teams wird beschrieben, die Ursache wird in »mangelnder Teamfähigkeit« oder Ähnlichem gefunden, diese Ursache wird dem Team bekannt gegeben, es wehrt sich usw.

Beispiel 3: **Die dominante Chefin – der untergrabene Gruppenleiter**

Eine sympathische und kompetente Personalentwicklerin rief mich an und fragte, ob ich Zeit hätte für ein schwieriges Teamcoaching. Es sei alles schon etwas verfahren, der Betriebsrat sei schon eingeschaltet und überhaupt, ob ich bereit sei, es zu versuchen – sie wäre mit ihrem Latein am Ende, und wenn sich nichts klären ließe, dann hätte man es wenigstens probiert. Von dieser Beschreibung etwas überrascht – sonst war die Auftraggeberin immer positiv gestimmt und optimistisch –, war ich natürlich interessiert, mehr über den Fall zu erfahren. Ich bat also um Gespräche mit der Teamchefin, den zwei Gruppenleitern unter ihr und einigen Mitarbeitern aus dem Team. Im Gespräch mit der Teamchefin stellte sich heraus, dass einer der Gruppenleiter neu im Team war, aber nicht von den anderen anerkannt werde. Er gelte als inkompetent und unverschämt. Dies wurde von den Teammitgliedern bestätigt (obwohl ich natürlich nicht danach gefragt hatte, sondern danach, woran man es merken würde, dass das Team gut funktioniert und jeder morgens gern zur Arbeit kommt, um sein Bestes zu geben). Der neue Gruppenleiter sah die Situation völlig anders: Die dominante Chefin stecke mit den anderen Teammitgliedern unter einer Decke. Sie wolle ihn hinausmobben, und das sei auch klar ersichtlich, weil sie ihn immer wieder in ungemessener Weise auch vor höheren Vorgesetzten und auch vor dem Team »abkanzele«. Es sei fast unmöglich, nach solchen Aktionen seine Autorität dem Team gegenüber wiederherzustellen. Deswegen habe er auch den Betriebsrat eingeschaltet. Ich rief auch noch einmal den Betriebsrat an, einen menschlich sehr weisen Mann, der meinte, man sollte doch versuchen »den Ball flach zu halten«, rechtliches oder formales Vorgehen sei da nicht wirklich angemessen. Das Team befand sich in der von Ben und Tapani beschriebenen gegenseitigen Anklagespirale. Für den Gruppenleiter war das Problem klar:

1) *Fokussierung auf Probleme: Seine Vorgesetzte wollte ihn nicht in dieser Position.*
2) *Analyse ihrer Ursachen: Deswegen untergräbt sie seine Position.*
3) *Anklagende Erklärungen: Sie kann einfach keinem Mann eine Autoritätsstellung zubilligen. Sie ist selbst zu dominant und kann keine Entscheidungen oder Kompetenzen delegieren.*

4) *Bedürfnis sich zu verteidigen: Er muss nun erst recht versuchen, seine Autorität durchzusetzen.*
5) *Schlechte Gemütsverfassung: Ihm entgleist der Ton bei Gesprächen mit seinen Gruppenmitgliedern.*
6) *Keine kreativen Lösungen: Er sieht, dass es in seiner Gruppe Probleme gibt, aber er führt sie auf das Verhalten der Chefin zurück.*
7) *Keine Besserung: Die Chefin kritisiert ihn weiter – er verhält sich wie vorher.*
8) *Neue anklagende Erklärungen: Er vermutet, sie wolle ihn ohnehin nie im Team haben, und wendet sich an den Betriebsrat.*

Übung 1: **Praxis der Eskalation**

Die geneigte Leserin oder der geneigte Leser kann jetzt als kleine Übung diese Schritte auch für das Team und die Chefin nachvollziehen – Sie werden sehen, wie einfach das ist. Natürlich ist dieser Teufelskreis auch nur eine von vielen möglichen Erklärungen (und als solche ist sie nicht wirklich nötig für lösungsfokussiertes Vorgehen). In dem folgenden Teamprozess war es aber ganz wichtig, zunächst mit dem Gruppenleiter und der Chefin gemeinsam das Ziel für die Gruppe des Gruppenleiters zu definieren und die gegenseitigen Vermutungen und Anschuldigungen aus dem Weg zu räumen. Wenn die Führung nicht in eine Richtung denkt und zieht, wird es für das Team sonst schwierig. In einem Halbtagesworkshop konnte ich mit beiden klären, was für die zukünftige Zusammenarbeit wichtig war und was sich beide für die Zukunft anders wünschten. Wir arbeiteten lange an einem detaillierten Bild davon, wie es in sechs Monaten im besten Fall sein sollte, und daran, was beide zuversichtlich machte, dass das gelingen kann. Jeder konnte äußern, was anders werden muss, ohne den anderen anzugreifen. Nachdem dann zwei Monate erfolgreich verlaufen waren und das Team die Veränderung gemerkt hatte, führten wir ein Gruppencoaching mit dem Gruppenleiter und seiner Gruppe durch. Die Gruppe hatte schon Verbesse-

> *Im lösungsfokussierten Teamcoaching geht es hauptsächlich um die gemeinsam gestaltete Gegenwart und die Zukunft.*

rungen gemerkt, konnte wertschätzendes Feedback geben und auch klar sagen, welche Veränderungen sie sich vom Gruppenleiter wünscht. Dieser konnte durch die erfolgreichen Monate zuvor das Feedback annehmen und konkrete Schritte zur Verbesserung des Klimas unternehmen.

Die Arbeit am Ziel erwies sich als einfach und klar – stellen Sie sich vor, was eine Problemanalyse gebracht hätte: Wahrscheinlich nur weitere Erklärungen für mögliche Defizite der Akteure!

Im lösungsfokussierten Teamcoaching geht es wie in der lösungsfokussierten Therapie hauptsächlich um die gemeinsam gestaltete Gegenwart und die Zukunft. Es geht darum, Fortschritte zu ermöglichen. Um Fortschritte zu ermöglichen, wird nach Ressourcen und Hinweisen gesucht, die Zuversicht geben, dass der erwünschte Zustand erreicht werden kann.

Mark McKergow hatte auf der SOLworld in Köln 2005 ein interessantes Modell unterschiedlicher Beratungsansätze entworfen:

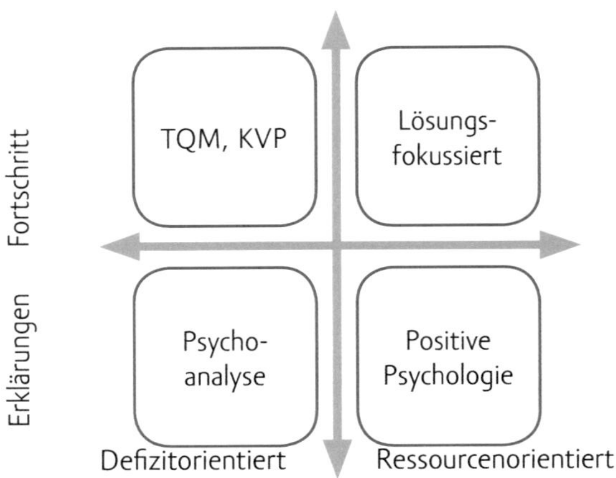

Natürlich ist diese Grafik stark vereinfachend und selbstverständlich gibt es viele ressourcenorientierte Psychoanalytiker und fortschrittsorientierte Vertreter der Positiven Psychologie. In diesem Fall soll die Grafik in ihrer Vereinfachung verdeutlichen, worum es im lösungsfokussierten Teamcoaching geht – um Verbesserung und um die Identifikation der dafür relevanten Ressourcen und nicht um die Erklärung des Missstandes oder die Identifikation von Defiziten.

Die Sprache der Lösungsentwicklung ist eine andere als die, die zur Problembeschreibung notwendig ist

Vieles zu diesem Punkt ist in diesem Buch bereits erklärt worden. Es ist noch zu ergänzen, dass die Suche nach Ursachen oder die Beschreibung des Problems eines Teams durch das Team, die Vorgesetzten oder durch die Berater oft eine größere Beständigkeit des Problems suggeriert als tatsächlich besteht.

Manche Probleme sind relativ einfach: Eine Fahrradfahrerin merkt, dass ihr Fahrrad rumpelt und dass die Bremse nicht mehr funktioniert. Sie schaut nach unten und merkt, dass ein Reifen geplatzt ist. Die Lösung ist in diesem System mit dem Problem direkt verbunden: Der Reifen wird repariert, und das Fahrrad fährt wieder sicher und bequem.

Wir hören bloß darauf, was das Team will, welche Ressourcen und Ausnahmen schon vorhanden sind, und machen uns auf den Weg.

Bei der Ursachensuche in komplexen Zusammenhängen wie bei der Zusammenarbeit von Menschen in Teams werden leider häufig keine so direkt beobachtbaren Ursachen benannt (z. B. »Das Team ist nicht so produktiv, wie es sein könnte, weil es die neue Software noch nicht beherrscht. Ein Training wäre nützlich.«), sondern eher solche, die sich erst erschließen, wenn man ein psychologisches, philosophisches oder anderweitiges Gedankensystem zu Hilfe nimmt (z. B. »Das Team ist nicht so produktiv, wie es sein könnte, weil es den Change zum neuen Produkt noch nicht verarbeitet hat und sich in der Widerstandsphase befindet. Wir sollten an der Veränderungsbereitschaft des Teams arbeiten.«)

In der Therapie werden als Ursachen oft Diagnosen angenommen: Der Patient »hat« eine Depression (de Shazer, 1997: 135). Dies führt zur Wahrnehmung, dass Niedergeschlagenheit und Antriebslosigkeit eine Folge von tieferen seelischen Prozessen sind. Anstatt daran zu arbeiten, was besser werden kann und den Patienten in kleinen beobachtbaren Schritten in Richtung Lebensfreude oder Aktivität (was auch immer der Patient möchte) zu begleiten, vergeht erst einmal viel Zeit mit der Exploration der Ursachen der Depression (in der Kindheit, durch Trauma oder was auch immer). Das kann funktionieren, dauert aber oft länger als bei der lösungsorientierten Therapie (Berg, I. K., 2008). Auch in der Teamberatung gibt es die verschiedensten diagnostischen Systeme, die dem Problem eine größere Stabilität verleihen, als sein müsste. Diese kommen aus der Psychologie (Persönlichkeitsprofile, Analyse der Führungsposition, sonstige Analysen) oder auch aus der Betriebswirtschaft (Change-Modelle, Benchmarking, generische strategische Erfolgsmodelle). Im lösungsfokussierten Teamcoaching kommen wir völlig ohne diese Systeme aus. Wir hören darauf, was das Team will, welche Ressourcen und Ausnahmen schon vorhanden sind, und machen uns auf den Weg.

Kein Problem passiert ohne Unterlass: Es gibt immer Ausnahmen, die genutzt werden können

Wir suchen mit Teams nach »Highlights« und »Best-Practice Cases.«

Wie im Einzelcoaching suchen wir auch mit Teams nach »Highlights«, »Best Practice Cases« – einfach Ausnahmen vom Problem. Wenn es kein Problem gibt, sondern nur einen Wunsch nach Verbesserung, halten wir nach Gelegenheiten Ausschau, in denen die Situation schon ein wenig so war wie gewünscht. Besonders wichtig ist dies in Konfliktfällen (aber auch besonders schwierig: Wer erinnert sich schon gerne daran, dass der »Feind« auch schon einmal nett und kompetent war? Dies ist nicht einfach für die Berater, aber sehr Gewinn bringend).

Gerade in Teamsituationen kann es sehr nützlich sein, alle zu fragen, wann es denn schon einmal etwas besser war. Man sammelt die Wahrnehmungen von »besser« und erreicht dadurch zwei nützliche Gespräche. Durch die Beschreibung von »besser« wird allen klar, was genau dieses

»Besser« ist, und durch die Anerkennung, dass es so etwas Ähnliches schon einmal gab, steigt die Hoffnung, dass es wieder besser werden kann.

Beispiel 4: **Die Teamskala**

Ein Team wollte gerne, dass der Chef sich stärker gegen die Unzahl der Projekte, die an das Team herangetragen werden, zur Wehr setzt, sodass die Prioritäten auch anderen im Unternehmen klarer werden und sie nicht immer das Gefühl haben, dass die Arbeit nie abgeschlossen werden kann. Das war ihnen sehr wichtig für ihr Gefühl, etwas Sinnvolles für das Unternehmen zu leisten, und schließlich auch für ihre Motivation. Der Chef hatte sich die Diskussion angehört, war kurz ausgewichen auf ein »Aber wir müssen doch Veränderungsbereitschaft zeigen und Widerstand ist doch negativ«, wurde aber von seinem Team gestoppt. Bevor es zur Eskalation kommen konnte, fragte ich, ob der Chef zunächst einmal die guten Gründe des Teams anhören wollte – danach hätte er die Gelegenheit, seine guten Gründe zu nennen. Es entspann sich eine sehr wertschätzende Diskussion: Das Team listete alle Projekte auf. Der Chef war ein wenig schockiert. Der Chef konnte sagen, dass es ihm wichtig ist, dass das Team gut im Unternehmen dasteht und dass ein ständiges »Nein« zu Projekten sicherlich nicht förderlich sei. Ein neues Ziel war geboren: »Gut dastehen und trotzdem nur die Arbeit annehmen, die auch zufrieden stellend erledigt werden kann.« Ich fragte nach einer Skala von 1 bis 10, 10 bedeutete, dass dieses Ziel erreicht sei, 1 das Gegenteil. Keiner hatte mehr als eine 3 – inklusive des Chefs. Auf die Frage, wann es schon einmal besser war, kamen interessante Angaben: Es hatte einmal die Institution eines »Change-Koordinators« gegeben. Die Mitarbeiterin, die diese Funktion ausfüllte, hatte das Unternehmen aber schon seit einer Weile verlassen. Ich fragte, was genau denn daran hilfreich war (denn es geht hauptsächlich um die hilfreichen Interaktionen, die diese Mitarbeiterin ermöglichte). Sie hatte eine Liste der Projekte mit der jeweiligen Priorisierung, den Manntagen, dem Projektstatus etc. und konnte jederzeit Auskunft über die Kapazitäten geben. Die Gruppe entschloss sich, auf ein ähnliches

Konzept hinzuarbeiten. Dem Chef gelang es, einen professionellen Projektmanager einzustellen, und installierte ein »Changeboard« mit drei Mitarbeitern, die die Projekte überwachten und auch Fortschritte an das Team meldeten. Beim Meeting nach einem Jahr war das Thema bei allen auf 8, und es waren keinerlei Anstrengungen mehr nötig.

Wir suchen nach Zielen, die möglichst alle unterschreiben können, und moderieren so, dass jeder Beitrag wertgeschätzt wird.

Natürlich ist es nicht immer so einfach, eine Ausnahme zu finden, und manchmal ist es auch so, dass des einen Highlight das »Lowlight« des anderen ist. Als lösungsfokussierter Teamcoach suchen wir nach Zielen, die möglichst alle unterschreiben können und moderieren so, dass jeder Beitrag wertgeschätzt wird. Jeder hat und behält das Recht auf seine oder ihre Wahrnehmung. Meist bringt die Suche nach Ausnahmen eine schöne Stimmung mit sich. Das Team bekommt das Gefühl, dass es jetzt vorangeht und an Lösungen konkret gearbeitet wird.

Die Zukunft ist sowohl etwas Geschaffenes als auch etwas Verhandelbares

Wenn es keine determinierten Wenn-dann-Zusammenhänge gibt, können auch Situationen verbessert werden, die zunächst ausweglos erscheinen.

»Man müsste doch«, »Als so-und-so hätte der doch eigentlich« und »Wenn so-und-so, dann ist doch klar, dass das-und-das« – wer kennt diese Sätze aus Teammeetings nicht und, wenn wir mal ehrlich sind, wer von uns hat sie nicht auch selbst schon gesagt? Immer wieder drängt sich uns der Gedanke auf, dass die Zukunft berechenbar ist. Mit etwas Demut und Selbsterkenntnis kommen wir wieder darauf, dass es eben nicht so ist. Viele Beratungsansätze verkaufen vor allem Sicherheit in Wenn-dann-Zyklen: »Nur wenn Sie die Key Performance Indicators für Ihr Team bestimmen, können Sie wirklich wissen, ob Sie erfolgreich sind.« »Nur Teams mit unterschiedlichen Persönlichkeiten können in diesem Fall zum Erfolg führen.« Diese Ansätze vereinfachen unseres Erachtens nach Komplexität durch Verallgemeinerungen und durch Vergleiche von unvergleichbaren Situationen.

Die Zukunft als geschaffen und verhandelbar zu begreifen macht Hoffnung – wenn es keine determinierten Wenn-dann-Zusammenhänge gibt, können auch Situationen verbessert werden, die zunächst ausweglos erscheinen. Ich habe es immer wieder erlebt, dass Teams zu einem guten Miteinander zurückfinden, an das sie nicht mehr geglaubt hatten.

Beispiel 5: **Die fehlgeleitete Exzellenzinitiative**

Ein Team in einer Bank hatte eine »Exzellenzinitiative« einer internen Beratergruppe über sich ergehen lassen müssen. Die Berater hatten das internationale Team an allen Standorten beobachtet und ohne große Kommunikation mit dem Team festgestellt, dass es weit weniger leistete als gleichartige Teams in anderen Banken. Also musste etwas getan werden. Das Team traf sich mit den Beratern zu einem »Strategy Meeting«. Ihnen wurde mitgeteilt, dass sie wirklich keine gute Arbeit leisten. Daraufhin machte man sich im gleichen Meeting daran, eine Vision für das Team, eine Mission und »Teamwerte« zu bestimmen, die dazu dienen sollten, die Teamleistung zu verbessern. Man kann sich vorstellen, mit welchem Feuereifer die Teammitglieder dabei waren: Keiner nahm diese Übung ernst – sie selbst waren ja auch nicht ernst genommen worden. Es verbesserte sich nichts, der Druck stieg und stieg und nach sechs Monaten war man an einem Tiefpunkt gegenseitiger Anschuldigungen angekommen. Es gab ein weiteres Meeting, keiner sagte etwas. Die Oberberaterin der internen Gruppe fragte nach: »Sie müssen doch etwas sagen, irgendetwas stimmt hier nicht.« Sie bekam zur Antwort: »Doch, doch, alles stimmt, machen wir einfach weiter mit dem Programm.« Daraufhin fing sie an zu diskutieren: »Ihre Körpersprache sagt aber etwas anderes – ich kann das interpretieren!« Das Meeting endete in einer Katastrophe gegenseitiger Schuldzuweisungen. Die interne Beraterin rief mich an und bat darum, dem Team zu helfen, offener zu kommunizieren. Sie selbst sah bei sich keinen Fehler. Das Team sei Veränderungen gegenüber nicht aufgeschlossen und man müsse sie »aufbrechen«. Normalerweise würde man denken, dass so eine Situation nicht zu retten ist – wenn man aber davon ausgeht, dass die Zukunft verhandelbar ist und gemeinsam geschaffen wird, kann man auch in solchen Situation daran glauben, dass man es wenigstens versuchen kann. Ich telefonierte mit allen Beteiligten und fragte vor allem nach der Zuversicht des Teams, dass überhaupt noch etwas verändert werden kann. Die meisten waren nicht sehr zuversichtlich, aber doch auf einer 2–3. Die Zuversicht, die da war, resultierte aus der Tatsache, dass das Problem jetzt erkannt war und dass eine andere Beraterin im Boot sei. Auf die Frage, was die Zuversicht erhöhen könnte, sagten fast alle Teammitglieder, dass es ein Meeting sein müsste, wo die internen Berater nicht dabei sind. Ich versicherte mich zurück, ob das in Ordnung wäre: In diesem Moment war alles recht, um die Situation noch zu verbessern. Wir hatten ein Meeting, arbeiteten am Ziel »Die Verbesserungen zu erreichen, die uns die Berater vom Hals halten«, erreichten einige konkrete Vereinbarungen und Prozessverbesserungen. Diese Verbesserungen führten relativ schnell zu einer sichtbaren Veränderung im Zutrauen des Teams untereinander. Beim nächsten Meeting wurden dann wichtige Probleme angesprochen und Schritte für eine Lösung erarbeitet. Besonders wichtig war den Teammitgliedern zu besprechen, wie sie es erreichen könnten, dass alle wirklich offen ihre Meinung sagen. Auf die Frage, woran man es denn merken könnte, dass es jetzt sicher genug ist, seine Meinung zu sagen, antworteten viele, dass vielleicht erst einmal darüber gesprochen werden sollte, wie man Kritik üben kann, ohne den anderen zu verletzen – nicht alles laufe immer hundertprozentig, ohne Kritik käme man nicht aus, aber sie wollten auf keinen Fall zurück in die Verteidigungshaltung. Jedes Teammitglied schrieb ein Flipchart mit einer Anleitung: »Wie ich mir gerne Kritik anhöre.« Wir hängten diese Flipcharts auf, alle gingen herum und lasen die Flipcharts. Keiner hatte irgendetwas gefordert, was die anderen nicht willens waren umzusetzen. Beim letzten Meeting zwölf Monate nach der ersten Anfrage wa-

ren alle Probleme gelöst, das Verhältnis untereinander vertrauensvoll und offen und auch die Leistung des Teams hatte sich zur Zufriedenheit aller verbessert.

Manchmal ist die einzige Lösung, dass Menschen nicht mehr miteinander zusammenarbeiten.

Die Zuversichtsskala ist ein wunderbares Mittel, auch in scheinbar hoffnungslosen Situationen zu überlegen, was noch eine kleine Verbesserung bringen könnte – kleine Verbesserungen können zu größeren führen, und Situationen werden lösbar, die vorher verfahren schienen. Natürlich funktioniert das nicht immer, und manchmal ist die einzige Lösung, dass Menschen nicht mehr zusammenarbeiten. Aber wenn das geschieht, ist es danach wenigstens klar, und die Entscheidung ist getroffen, sodass ein Neuanfang möglich wird.

Unterschiede zum Einzelcoaching

Einführung

Jedes Teammitglied hat ein eigenes Ziel.

Zwischen lösungsfokussiertem Einzelcoaching und lösungsfokussiertem Teamcoaching bestehen einige Unterschiede. Wenn man es mit mehreren Menschen zu tun hat, hat jeder dieser Menschen für das Teamcoaching möglicherweise ein anderes Ziel. Es ist daher etwas schwieriger, mit einem Team zu einer guten Zieldefinition zu kommen, als mit einer Einzelperson. Es kann auch zu der Situation kommen, dass einzelne Teammitglieder konfliktäre Ziele haben. Hier bietet das lösungsfokussierte Vorgehen einige Möglichkeiten, mit Gruppen Ziele so zu setzen, dass sich am Ende alle mit dem Prozess und dem Ziel einverstanden erklären können. Mehr dazu finden Sie im Kapitel »Werkzeuge« unter »Ziele setzen«.

Ein weiterer wichtiger Unterschied ist, dass die Gesprächssteuerung mit mehreren Personen schwieriger ist als die mit Einzelpersonen. Jeder Teilnehmer und jede Teilnehmerin des Teamcoachings möchte wertgeschätzt werden und es ist wichtig, die Redebeiträge so zu steuern, dass jedes Teammitglied das Gefühl hat, dass seine oder ihre Anliegen gehört worden sind. Um das zu gewährleisten, muss ein Teamcoach nicht nur Coachingfähigkeiten, sondern auch Moderationsfähigkeiten mitbringen. Um gut moderieren zu können (aber auch um gut coachen zu können), braucht der Teamcoach Akzeptanz und das Vertrauen des Teams. Wie oben erwähnt ist von Steve de Shazer überliefert, man dürfe den Rapport mit dem Klienten einfach nur nicht verlieren. Es geht also gar nicht darum, etwas Besonderes zu tun, damit man die Akzeptanz des Teams bekommt. Meiner Erfahrung nach wird es sogar etwas schwieriger, wenn man viele Dinge tut, die man

Um gut coachen zu können, braucht der Teamcoach Akzeptanz und das Vertrauen des Teams.

normalerweise und natürlicherweise nie tun würde, nur um die Akzeptanz des Teams zu erhalten. Die ganze Situation wird schnell verkrampft und unnatürlich – was wahrscheinlich zu einem schlechteren Start des Teamcoachings führt.

In vielen anderen Ansätzen gibt es Empfehlungen für die Herstellung von Rapport. So sollte der Teamcoach zum Beispiel »pacen« – also die Bewegungsabläufe und Körperhaltungen von einzelnen Teammitgliedern imitieren. Hat er oder sie das lange genug gemacht, kann er oder sie ins »leaden« übergehen, das heißt, er oder sie kann mit seinen oder ihren Bewegungen einzelne Teammitglieder zur Imitation seiner oder ihrer Bewegungsabläufe oder Körperhaltungen bewegen. Es sind zwar Ähnlichkeiten in den Bewegungsmustern zwischen zwei Personen in gelingenden therapeutischen Unterhaltungen zu beobachten (erforscht z.B. von F. Ramseyer und W. Tschacher, op. 2008: 329–348) – aber es ist ein bisschen wie mit der Henne und dem Ei: Sind die Bewegungsabläufe ähnlich, weil man sich gut versteht, oder verursachen die Bewegungsabläufe das gute Verständnis? Im Sinne von Occams Rasiermesser und getreu dem Spruch: »Die einfachste Erklärung ist immer die beste« versuchen lösungsfokussierte Berater, die gute Beziehung (die sie einfach annehmen) nicht zu verlieren.

Dazu macht es hier vielleicht Sinn, kurz darüber nachzudenken, was jemand tun muss, um garantiert die gute Arbeitsbeziehungen zwischen ihm oder ihr und seinen oder ihren Klienten zu stören. Hier ein paar nicht ernstgemeinte Empfehlungen: Vor allem sollte man es vermeiden, den Klienten zuzuhören. Die Berater sollten auf ihren eigenen Interpretationen bestehen und alles, was die Klienten dazu sagen, als Widerstand deuten, den es zu brechen gilt. Die Agenda des Teamcoachings sollte hauptsächlich aus den Punkten der Berater bestehen, Tagesordnungspunkte, die vom Team aufgebracht werden, sollten keine Beachtung finden. Eine gute Idee für die Zerstörung der Arbeitsbeziehungen wäre es auch, sich mit einer von zwei Gruppen zu verbünden. Besonders nett wäre es, immer dem Chef Recht zu geben und auf der Seite des Chefs gegen das Team zu kämpfen. Sicherlich nützlich für eine schlechte Arbeitsbeziehung ist es auch, eine völlig andere Sprache zu sprechen als das Team: Wenn das Team aus eleganten Bankern besteht, sollte der Berater sozialpädagogische Begriffe verwenden. Auch durch große Unterschiede in den Äußerlichkeiten lässt sich eine Arbeitsbeziehungen trefflich stören: Wenn das Team in Anzug und Krawatte den Tag verbringt, könnte die Beraterin im Minirock auftauchen oder der Berater in zerrissenen Jeans und schmutzigem T-Shirt. Wenn das Team elegante PowerPoint-Präsentationen gewöhnt ist, sollte der Berater oder die Beraterin hauptsächlich auf Moderationsmethoden mit schlecht geschriebenen Flipcharts bestehen.

Wenn der lösungsfokussierte Berater oder die lösungsfokussierte Beraterin nun wie von Steve de Shazer empfohlen darauf achtet, die gute Arbeitsbeziehung *nicht* zu stören, könnten einige Umkehrschlüsse aus dem Vorherigen möglicherweise hilfreich sein. Ich glaube nicht, dass man eine Liste von Dingen erstellen kann, die ein Berater oder eine Beraterin unbedingt tun muss, um die Arbeitsbeziehungen nicht zu gefährden. Es gibt Berater, die immer nur in Jeans und T-Shirt auftauchen und trotzdem sehr effektiv mit ihren Klienten zusammenarbeiten. Es gibt andere Berater, die auch im sozialen Bereich in Anzug und Krawatte auftauchen. Wenn man sich Steve de Shazer anschaute, vermittelt er äußerlich für uns auch nicht unbedingt das Bild von zeitloser Eleganz oder therapeutischer Autorität. Was die jeweiligen Arbeitsbeziehungen stören könnte, entscheidet sich immer im Zusammenspiel von Berater und Klienten, sodass es sehr schwierig ist, allgemeine Ratschläge zu geben. In der lösungsfokussierten Beratung versuchen wir, die Sprache des Klienten zu sprechen. Die Erfahrung lehrt, dass das tendenziell zu einer guten Zusammenarbeit zwischen Berater und Klienten führt – der einzige Rat, den man vielleicht geben könnte, ist der, wirklich gut zuzuhören und die Worte der Klienten zu verwenden. Wenn man sich darüber hinaus noch auf viele andere Dinge konzentriert, die man »richtig« machen muss, um die Beziehung nicht zu gefährden, leidet meist die Beratung.

Der einzige Rat, den man vielleicht geben könnte, ist der, wirklich gut zuzuhören und die Worte der Klienten zu verwenden.

Bei Teams stellt sich auch manchmal die Frage, wer denn alles zum Team gehört, wer gefragt werden muss, wer an welcher Maßnahme teilnehmen soll. In der lösungsfokussierten Familienberatung arbeitet man mit allen, die ein Interesse haben zu kommen und die an der Problemlösung mitarbeiten wollen. Wichtig ist, dass sich alle willkommen fühlen und eingeladen sind. Dies ist auch eine gute Richtschnur für Teamcoachings. Im Organisationskontext macht es durchaus Sinn, vorher zu verstehen, wer zum Team gehört, wer welche Entscheidungskompetenzen hat, wer betroffen ist etc. Dies alles ist in Organisationen formeller geregelt als in Familien, und meiner Erfahrung nach vermeidet man Missverständnisse, wenn man vorher weiß, wer was entscheiden kann, was der Rahmen ist usw.

Ein Vorteil bei der Arbeit mit Teams ist, dass man viele Beteiligte direkt im Raum hat. Wo man im Einzelcoaching fragen müsste: »Was glauben Sie, würde Ihr Vorgesetzter dazu sagen?«, kann man im Teamcoaching direkt auf diesen Vorgesetzten zurückgreifen. Viele Gespräche, die im Einzelcoaching erst nach der Coachingsitzung stattfinden würden, können direkt im Raum unter Moderation des Teamcoachs ablaufen.

Multiparteilichkeit

Im Teamcoaching haben wir mehrere Personen mit unterschiedlichen Interessen. Unser Umgang mit diesem Punkt kann sich gut an die bewährten Mittel aus der lösungsfokussierten Paartherapie oder der Familientherapie allgemein anlehnen. Matthias Varga von Kibéd wies uns dankenswerterweise daraufhin, dass hier erste Ansätze auf Ivan Boszormenyi-Nagy und Geraldine Spark zurückgehen. In ihrem Buch »Invisible Loyalties« entwickelten sie 1973 das Konzept der »multidirectional partiality«, welches darauf von lösungsfokussierten Therapeuten aufgegriffen wurde. Im Buch »Recreating partnership« von 2001 erläutern Phillip Ziegler und Tobey Hiller diesen hilfreichen Standpunkt für Paartherapeuten. Es ist ein Standpunkt »aktiver

Ein Standpunkt »aktiver Neutralität« oder der »Multiparteilichkeit« gibt den Klienten das Gefühl, dass der Therapeut auf jeder der beiden Seiten steht.

Neutralität« oder der »Multiparteilichkeit« (Ziegler & Hiller, 2001: 39–41). Er gibt den Klienten das Gefühl, dass der Therapeut auf jeder der beiden Seiten steht. Er oder sie ist nicht »neutral« – sondern durchaus beteiligt und zwar zum Wohl beider Parteien. Ich empfehle diese Haltung auch Teamcoaches – leider sind hier mehr Personen als nur zwei beteiligt. Es ist daher etwas schwieriger, aber sehr lohnend, sich um einen »multiparteilichen Standpunkt« zu bemühen: Der Berater oder die Beraterin ist engagiert, wird nicht in die gegenseitigen Anschuldigungen oder Beschwerden mithineingezogen, sondern arbeitet mit allen an einer Lösung.

Nichts leichter als das? Nun ja – aber wie funktioniert das? Wie erhält man sich einen Standpunkt der Multiparteilichkeit? Hier sehen Ziegler und Hiller zwei wichtige Punkte:

- Der Berater oder die Beraterin sollte die Annahme halten und demonstrieren, dass die Realität immer aus verschiedenen Perspektiven gesehen werden kann. Bedeutungen können immer anders zugemessen werden, und es kann aufgrund unterschiedlicher Perspektiven immer wieder zu Konflikten kommen.
- Der Berater oder die Beraterin sollte sich einer Haltung des neugierigen »Nicht-Wissens« verschreiben.

Im Teamcoaching ist der erste Punkt besonders wichtig. Die Teilnehmer merken die Haltung daran, dass der Teamcoach nicht versucht über Unterschiede hinwegzuglätten, dass alle Meinungen und Beiträge als interessant gehört werden und dass niemand von seiner Wahrnehmung abgebracht wird. Wenn z. B. ein Mitarbeiter behauptet, dass er ständig Überstunden macht, weil ein anderer Dinge nicht ordentlich im System ablegt, wird diese Meinung erst einmal so als Wahrnehmung dieses Mitarbeiters als dessen Sichtweise hingenommen – wenn der andere Mitarbeiter dann widerspricht, wird das auch genauso hingenommen. Der Teamcoach versucht dann unter Wertschätzung beider Perspektiven zu einer positiven Unterhaltung zu leiten, indem er oder sie nach einer Anerkennung des Problems fragt,

Das neugierige »Nicht-Wissen« ist auch für den Teamcoach wichtig.

z.B.: »Angenommen dieses Problem hätte sich für Sie beide gelöst, woran würden Sie es merken?« oder »Gab es schon einmal Ausnahmen?« etc. In unserer Haltung ist in diesem Moment jede Sichtweise gleich »wahr«.

Das neugierige »Nicht-Wissen« ist auch für den Teamcoach wichtig. Anstatt sich in Überlegungen zu ergehen, durch welche Strukturen oder Prozesse die gegenwärtige Situation entstanden ist, oder anderweitig in den eigenen Theorien zu verweilen, versuchen lösungsfokussierte Teamcoaches wirklich gut zuzuhören. Natürlich haben auch lösungsfokussierte Teamcoaches ihren eigenen Referenzrahmen, und wir können eigentlich nicht »nicht in den eigenen Referenzrahmen einsortieren«. Dieser tritt aber in unserer Arbeit zugunsten der Exploration der Referenzrahmen unserer Klienten zur Seite, und wir tun zunächst einfach einmal so als ob.

Auf der ganz pragmatischen Seite gibt es einige Verhaltensweisen, die nützlich sind, um die Multiparteilichkeit des Beraters oder der Beraterin zu unterstützen:

Wenn es Vorinterviews gibt, ist es wichtig, transparent darzustellen, wer von mir angerufen wird und wer nicht und warum. Am besten ist die Möglichkeit, wirklich vorher mit allen zu reden. Genauso wichtig ist es, ein wenig darauf zu achten, dass man in den Pausen nicht nur mit dem Vorgesetzten spricht und auch ansonsten die Redebeiträge im Teamcoaching halbwegs ausgeglichen sind. Wenn dem Teamcoach vertraulich Mitteilungen gemacht werden, gilt es im Sinne des Teams damit behutsam umzugehen.

Anders als andere Coaches unterbrechen lösungsfokussierte Teamcoaches manchmal.

Jeder Redebeitrag sollte mit Wertschätzung aufgenommen werden. Anders als andere Coaches unterbrechen lösungsfokussierte Teamcoaches manchmal. Wenn sich ein Teilnehmer in Beschwerden ergeht, versuchen wir das Gespräch zu »drehen« und fragen schon einmal hinein: »Was müsste denn anders sein?« Eine solche Vorgehensweise macht es einfach, neugierig zu bleiben und die Perspektiven und Wünsche jedes Teammitglieds als valide anzuerkennen.

Übung 2: **Multiparteilichkeit**

Überlegen Sie, woran Sie es merken, dass jemand in einem Streitgespräch oder auch nur in einem Meeting »auf Ihrer Seite« steht. Wie steht diese Person zu Ihnen, wie sieht das genau aus? Schreiben Sie vielleicht eine kleine »Anleitung zur Parteilichkeit für mich selbst«. Dann überlegen Sie, welche dieser Verhaltensweisen auch für multiparteiliches Moderieren gut wären, und experimentieren Sie damit in Ihrer nächsten Teammoderation.

Übung 3: **»Together in the middle of the bed«**

Eine gute Möglichkeit, multiparteiliches Verhalten zu beobachten, ist das Video »Together in the middle of the bed« von Steve de Shazer und Insoo Kim Berg. Es handelt sich hierbei um die erste Sitzung einer Paartherapie mit einem Ehepaar. Die ersten Minuten dieser Paarsitzung sind sehr aufschlussreich. Steve de Shazer ist hier der Therapeut. Es fällt auf, dass er die unterschiedlichen Aussagen von Ehemann und Ehefrau nicht wertet oder interpretiert, sondern einfach als gegeben hinnimmt. Er achtet darauf, dass beide Partner ähnliche Redeanteile haben. Er befragt den Mann zur möglichen Sichtweise der Frau und umgekehrt. Wenn einer von beiden in eine Anhäufung von Beschwerden abzugleiten droht, unterbricht er sanft und sagt: »Wir kommen nachher noch einmal darauf zurück.« Steve de Shazer arbeitet an kleinen sichtbaren Zeichen der Verbesserung. Dies sind alles Mittel, auf die man auch im Teamcoaching – besonders in Konfliktsituationen – zurückgreifen kann. Sehen Sie sich das Video an (man kann es unter www.sfbta.org bestellen) und vielleicht kommen Ihnen Einfälle dazu, wie Sie diese Techniken in Ihrem Teamcoaching anwenden könnten.

Zuhören

Ein weiteres wichtiges Werkzeug im lösungsfokussierten Teamcoaching ist die Art unseres Zuhörens. Lösungsfokussiertes Zuhören ist anders als »aktives Zuhören«. Bei aktivem Zuhören geht es darum, dass der Berater oder die Beraterin den Klienten oder die Klientin möglichst gut versteht. Das soll dadurch erreicht werden, dass der Berater oder die Beraterin dem Klienten oder der Klientin in den Worten des Beraters oder der Beraterin noch einmal mitteilt, was er oder sie verstanden hat. Der technische Begriff hierfür heißt »Paraphrasieren«. Beim lösungsfokussierten Zuhören geht es aber nicht darum, dass der Berater oder die Beraterin gut versteht. Wir gehen davon aus, dass in jeder Interaktion die Bedeutungen gemeinsam zwischen den beiden Gesprächspartnern ausgehandelt werden und dass 100%iges Verstehen gar nicht möglich ist. Daher geht es bei unserem Zuhören darum, dass die Beziehung zwischen Berater und Team nicht gestört wird, dass das Team das Gefühl bekommt, dass der Berater es versteht und mit ihnen gemeinsam an einer Lösung arbeitet. Der lösungsfokussierte Teamcoach hört besonders gut zu, wenn es um die Ziele des Teams geht, um Ressourcen oder um andere Dinge, die dem Team die Zuversicht geben, dass eine Verbesserung möglich ist.

Übung 4: **Zuhören**

Schauen Sie sich ein Streitgespräch im Fernsehen an (»Hart, aber fair«, »Maybritt Illner« usw.) und hören Sie ziel- und ressourcenorientiert zu. Nehmen Sie sich pro Diskussionsteilnehmer einen Zettel und notieren Sie: »Was will dieser Mensch?« (positiv formuliert, also nicht: »Was will dieser Mensch nicht?«) und »Welche Ressourcen nehme ich an diesem Menschen wahr – was macht mich zuversichtlich, dass er oder sie dieses Ziel erreichen kann?«

Die Sprache der Klienten nutzen

Wie gesagt: Nichts gibt einem Team mehr das Gefühl, verstanden zu werden, als wenn der Berater die Sprache des Teams nutzt. Gerade in hoch technisierten Feldern kann das manchmal nicht einfach sein. Ich habe es aber immer als sehr wertvoll empfunden, vor dem Teamcoaching ein wenig darüber

Der lösungsfokussierte Teamcoach hört besonders gut zu, wenn es um die Ziele des Teams geht, um Ressourcen oder um andere Dinge, die dem Team die Zuversicht geben, dass eine Verbesserung möglich ist.

zu erfahren, was das Team macht, welche Worte es verwendet und in welchem Kontext arbeitet. Es geht hier nicht um eine Diagnose oder Analyse (auch wenn das vielleicht von außen so aussehen mag), sondern darum, die Sprache des Teams zu lernen, um anschlussfähig zu sein.

Mit Sprache meinen wir nicht nur das Vokabular, sondern vielleicht etwas allgemeiner die Kultur, die »Grammatik« eines Teams. Wenn alle jeden Tag in Jeans erscheinen, werden wir als Berater nicht im Nadelstreifenanzug auftauchen. Wenn es ein Team von Nicht-Akademikern ist, werden wir nicht mit Universitätsabschlüssen angeben. In einer internationalen Beratungsgesellschaft, wo Intelligenz und Qualifikation eine große Rolle spielen, kann es aber doch schon einmal passieren, dass wir unsere »Credentials« kurz erwähnen. Genauso wie im Einzelcoaching glauben wir, dass das Vertrauen des Teams in den Berater oder die Beraterin und seine oder ihre Fähigkeit, ihm weiterzuhelfen, ein wichtiger Erfolgsfaktor des Coachings ist.

Zusammenfassung

Lösungsfokussierte Grundsätze

- Was nicht kaputt ist, sollte man auch nicht reparieren: Es geht allein um die Anliegen der Klienten.
- Das, was funktioniert, sollte man häufiger tun: Jedes Team hat Dinge, die gut funktionieren.
- Wenn etwas nicht funktioniert, sollte man etwas anderes probieren: Der Satz gilt nicht nur für Klienten und Klientinnen, sondern auch für Berater und Beraterinnen.
- Kleine Schritte können zu großen Veränderungen führen: keine Planung des Prozesses von 0 (bzw. 1) bis Wunder.
- Die Lösung hängt nicht zwangsläufig mit dem Problem zusammen: keine Problemanalyse.
- Die Sprache der Lösungsentwicklung ist eine andere als die, die zur Problembeschreibung notwendig ist: Es geht um eine Lösung und nicht um den Schuldigen.

- Kein Problem geschieht ohne Unterlass; es gibt immer Ausnahmen, die genutzt werden können: Jedes Team verfügt über entsprechende nützliche Erfahrungen.
- Die Zukunft ist sowohl etwas Geschaffenes als auch Verhandelbares: konkrete erste Schritte planen statt großer psychologischer oder wirtschaftlicher Umfragen und Instrumentarien.

Unterschiede zum Einzelcoaching

- Multiparteilichkeit
- Auf Ziele und Ressourcen hören
- Die Sprache der Klienten nutzen

Werkzeuge

»Aber wie funktioniert das jetzt alles konkret?«, werden Sie sich vielleicht schon gefragt haben. Im Folgenden möchten wir einige Werkzeuge für die Moderation von Teamcoachingprozessen darlegen. Dabei gehen wir entlang der Struktur eines »normalen« Teamcoachingprozesses vor. Seien Sie sich dabei bewusst, dass es eigentlich keinen »normalen« Teamcoachingprozess gibt. Genau wie im Einzelcoaching muss auch der Teamcoach flexibel mit den Anforderungen der jeweiligen Situation im Team umgehen. Das ist natürlich etwas schwieriger, wenn man sich nicht nur mit einer Person darüber einigen muss, was nützlich wäre, sondern mit einer ganzen Gruppe, aber es ist nichtsdestotrotz nützlicher, mit einem Team das zu tun, was gerade wichtig ist, als das, was man sich in seiner Vorbereitung überlegt hatte.

Es gibt keinen »normalen« Teamcoachingprozess. Kein Plan überlebt die Kollision mit der Wirklichkeit.

Gute Arbeitsbeziehung

Wie gesagt ist es wichtig, die gute Arbeitsbeziehung zu den Klienten nicht zu verlieren – das gilt hauptsächlich für die Arbeitsbeziehung zwischen Berater und Klienten. In einem Teamcoaching ist aber nicht nur die Beziehung zwischen Berater und Klienten wichtig, sondern auch die Beziehungen der Teammitglieder untereinander. Es ist durchaus nützlich, am Anfang eines Teamcoaching-Workshops dafür zu sorgen, dass eine zuversichtliche und positive Atmosphäre entsteht. Je mehr Hoffnung das Team hat, dass sich etwas verbessern kann, desto wahrscheinlicher wird auch die Verbesserung. Im Anschluss finden Sie einige Übungen, die hier nützlich sein können.

»Ich kleb dir eine«

Eine Übung für Teams, die sich gut kennen und die sich gerade nicht in einem fürchterlichen Konflikt befinden, ist das humorvoll gemeinte »Ich kleb dir eine«. Natürlich geht es hierbei nicht um Ohrfeigen! Was geklebt wird, sind selbstklebende Haftnotizen. Bei einer Gruppengröße bis zu acht Personen kann man jeden Teilnehmer und jede Teilnehmerin bitten, für jeden anderen Teilnehmer oder Teilnehmerin eine Haftnotiz zu schreiben und diese dann auf den Rücken des Teilnehmers oder der Teilnehmerin oder auf die Rückenlehne seines oder ihres Stuhls zu kleben. Wenn alle Teilnehmer und Teilnehmerinnen mit Schreiben und Kleben fertig sind, darf jeder die für sich geschriebenen Haftnotizen lesen.

Die Beschriftung der Haftnotizen sollte dem Teamcoachinganlass entsprechend gewählt werden:

- Eine Stärke, die ich an dir beobachtet habe
- Etwas an dir, das mich zuversichtlich macht, dass wir das Problem gemeinsam lösen können
- Etwas, was ich an deiner Arbeit sehr schätze
- Etwas Positives, was ich von anderen über dich gehört habe
- Ein Verhalten, das du unbedingt beibehalten solltest

Meist ist diese Übung am Anfang vielleicht etwas peinlich – wir sind es zumindest in Mitteleuropa nicht so sehr gewöhnt, einander Komplimente zu machen –, aber die leuchtenden Augen der Teilnehmer beim Lesen der Haftnotizen entschädigt für jegliche zuvor vielleicht entstandene Gespanntheit.

»Gemeinsam sind wir stark«

Die Gruppe wird zunächst in Paare aufgeteilt. Jedes Paar spricht über eines oder mehrere Ereignisse, die in der letzten Zeit gut gelaufen sind. Das Ziel dieses Gesprächs ist es, vier gemeinsame Stärken zu entdecken. In der nächsten Runde tun sich jeweils zwei Paare zusammen und versuchen wiederum mindestens zwei gemeinsame Stärken der entstandenen Vierergruppe zu benennen. Wenn auch dies gelungen ist, versuchen zwei Vierergruppen (also insgesamt acht Personen) eine gemeinsame Stärke herauszufinden. Bei ungerader oder anderweitig nicht »aufgehender« Gruppengröße kann man die einzelnen Gruppen-

Entdecken Sie Stärken und Ressourcen!

schritte auch mit jeweils drei, fünf oder sieben Personen ausführen. Das Gleiche geht natürlich auch für andere wertschätzende oder Hoffnung gebende Fragen wie z. B.:

- Finden Sie Dinge, die Sie zuversichtlich machen, dass Sie etwas verbessern können.
- Nennen Sie positive Bemerkungen, die Sie von Ihren Kunden über sich gehört haben.

Hier kommt es natürlich auch auf die Unternehmenskultur an, es sollte niemandem peinlich werden.

Ein persönlicher Superlativ

In der Art einer Vorstellungsrunde nennt jeder Teilnehmer oder jede Teilnehmerin etwas, von dem sie oder er glaubt, dass er oder sie es am besten von allen im Raum kann, z. B. »der beste Sänger« oder »der beste Tennisspieler«. Diese Übung ist kurz, meist lustig und hat schon zur Gründung von Tanz- und Tennisgruppen in Unternehmen geführt. Es ist klar, dass das natürlich nicht ernst, sondern eher humoristisch gemeint ist.

Pre-Session Change

Im Teamcoaching, wie im Einzelcoaching auch, kann man als Berater oder Beraterin meist gut auf dem aufbauen, was in der Zeit zwischen Terminvereinbarung und erstem Meeting schon an positiven Entwicklungen zu verzeichnen war.

»Was ist besser?«, kann man am Anfang jedes Teamcoachingschrittes – sogar schon in der Auftragsklärung (»Was ist, seitdem Sie überlegen, ein Teamcoaching abzuhalten, schon in die richtige Richtung gegangen?«) – fragen. Die Frage kann zu Beginn jedes Einzelinterviews gestellt werden. Sie kann ein wichtiger Punkt in einem Bericht sein oder auch am Anfang jedes Meetings stehen. Die Frage fokussiert die Gefragten auf den Fortschritt und klärt ganz konkret, was besser sein soll – in welche Richtung es gehen soll – , und macht Mut. Es ist häufig einfacher anzufangen, wenn der erste Schritt schon getan ist.

In Gruppenmeetings bieten sich folgenden Moderationsformen an:

Flipchartabfrage zum Thema: »Was ist aus Ihrer Sicht besser?«

Eine Flipchartabfrage im Plenum geht schnell, und jeder hört, was den anderen wichtig ist. Bei einer Flipchartabfrage kann der Moderator oder die Moderatorin auch gut darauf achten, dass die Wahrnehmung aller gelten darf. Was einer als »besser« empfindet, muss für den anderen nicht so sein. In dieser Phase macht es keinen Sinn, die Unterschiede zu thematisieren. In der Flipchartabfrage kann man auch gut steuern, dass die Gruppe nicht aus alter Gewohnheit in »Was sollte besser sein?« abdriftet.

Kleingruppendiskussion zum Thema: »Was ist besser?«

Anstatt mit allen gemeinsam zu diskutieren, kann man auch Kleingruppen bilden lassen und den Tag mit einem Spaziergang zum Thema »Was ist besser« beginnen. Dabei nehmen sich die Kleingruppen Moderationskärtchen oder Haftnotizen mit und notieren, was ihnen aufgefallen ist. Natürlich kann diese Übung auch an Tischen oder im Stehen erfolgen. Die Erfahrung zeigt, dass Spaziergänge meist länger dauern, Kleingruppendiskussionen im Sitzen etwas kürzer sind und Diskussionen im Stehen am wenigsten Zeit brauchen. Für den Spaziergang würde ich 30 Minuten einsetzen, für die Kleingruppendiskussionen im Sitzen 20 Minuten und für Diskussionen im Stehen 15 Minuten. Wenn mehrere Kleingruppen nur Moderationskärtchen zum Thema »Was ist besser?« schreiben, ist das Ergebnis oft vielfältiger als bei der Flipchartabfrage. Ein Vorteil einer Abfrage mit Moderationskärtchen ist auch, dass die Häufigkeit von Antworten sichtbar wird. Wenn z. B. mehrere Kleingruppen »die Atmosphäre ist besser geworden« notiert haben, wird diese Wahrnehmung durch die Häufung noch verstärkt. Hier kann es Sinn machen, die Klebezettel oder Moderationskärtchen im Anschluss an die Übung zu clustern (also die Kärtchen zusammenzuhängen, die inhaltlich ähnlich sind). Es kann sich auch lohnen, mit der Gruppe noch einen Blick auf die wahr-

> *Jedes Teammitglied hat seine oder ihre eigene Perspektive und das ist gut und wichtig.*

genommenen Veränderungen zu werfen und darüber zu sprechen, welche von diesen auf jeden Fall beibehalten werden sollen. Hier ist es sehr wichtig, dass jede Wahrnehmung einer Verbesserung gültig ist. Wenn zum Beispiel Herr Müller sagt: »Aber ich finde nicht, dass unsere Atmosphäre besser geworden ist« ist es gut, wenn der Moderator oder die Moderatorin noch einmal klartellt, dass nicht alles von jedem immer beobachtet worden sein muss. Jedes Teammitglied hat seine oder ihre eigene Perspektive, und das ist gut und wichtig. In solchen Zusammenhängen ist auch eine Einladung zum neugierigen Weiterbeobachten ein schönes Mittel, um die Multiparteilichkeit und die Wertschätzung aller Beiträge zu etablieren: »Ahh, Herr Müller, das ist ja interessant! Sie können sich ja einmal überlegen, woran Frau Meier eine verbesserte Atmosphäre bemerkt haben könnte, und auch darüber nachdenken, woran Sie es selbst merken würden. Bitte geben Sie jetzt noch keine Antwort – beobachten Sie einfach ein Weilchen.«

Zwiebel: »Was ist besser?«

Eine Möglichkeit, aktiv und fröhlich in einen Workshop-Tag zu starten, ist die Moderationsform »Zwiebel«. Sie hat viele Namen und findet sich auch unter dem Titel »Die Lösungszwiebel« im Buch »Solution Tools« (Röhrig, P. (Hg.), 2008: 57f.). Die Gruppe teilt sich in zwei gleich große Gruppen auf. Eine Gruppe steht mit dem Gesicht nach außen im Innenkreis, die andere steht im Außenkreis. So stehen sich zwei Partner gegenüber: einer im Innenkreis und einer im Außenkreis. Jetzt wird die Gruppe gebeten, mit dem Partner oder der Partnerin eine kurze Zeit über eine vom Moderator oder von der Moderatorin vorgegebene Frage zu sprechen. Das können ganz banale Fragen sein wie zum Beispiel: »Wie war Ihre Anreise?« oder »Was interessiert Sie heute am Workshop?« und eben auch die Frage: »Was hat sich für Sie seit der Terminvereinbarung schon in eine gute Richtung entwickelt?« Diese Moderationsmethode ist aktivierend und locker, sie macht Spaß, und die Teilnehmer tauschen sich auch über wichtige Themen aus. Man kann auch hier eine Visualisierung mithilfe von Moderationskärtchen anstreben, das macht die Übung aber weniger locker. Falls eine Visualisierung gewünscht ist, kann man auch kurz eine Flipchartabfrage anschließen.

Einzelarbeit mit Kärtchen: »Was ist besser?«

Natürlich ist es auch möglich, die Teilnehmer zu bitten, zehn Minuten in Einzelarbeit aufzuschreiben, was genau besser geworden ist und woran sie es gemerkt haben. Einzelarbeiten sind oft sehr hilfreich, weil die Teilnehmer auf diese Weise wirklich Zeit haben nachzudenken. Persönlich empfinde ich es als einen großen Schatz, wenn man auf die Kreativität und Beobachtungsgabe von vielen einzelnen Menschen auf diese Art und Weise zurückgreifen kann. Einzelarbeit wird in Teams und Gruppen meiner Erfahrung nach wenig genutzt. So ist es ein etwas ungewohntes Format und gerade zu Beginn eines Workshops kann das manchmal nicht angebracht sein – es kommt auf die Gruppe an, auf die Wichtigkeit des Themas »Was ist besser?« und vielleicht auch ein wenig auf die momentane Stimmung des Moderators oder der Moderatorin.

Wichtig ist das reiche Bild einer erwünschten Zukunft, deren Erreichung im Einflussbereich der Klienten liegt. Das Ziel sollte positiv formuliert sein, also die Anwesenheit einer neuen Situation beschreiben und nicht die Abwesenheit von dem, was man sich nicht wünscht.

Gruppen- oder Partnerarbeit zum Thema: »Was ist mir in den letzten Monaten ganz gut gelungen?«

Eine Alternative zur Frage »Was ist besser?« ist die Frage nach »Highlights« in den letzten Monaten. Hierbei kann man entweder in kleinen Gruppen über die Frage »Was ist mir in den letzten Monaten ganz gut gelungen?« sprechen, oder auch in Partnerarbeit darüber reden, was gute Momente in den letzten Monaten waren. Eine schöne Beschreibung dieser Moderation findet sich wiederum in »Solution Tools« in einem Beitrag von Mark McKergow: »Brilliante Momente« (Röhrig, P., 2008: 42–49). Je nach Teamkultur kann man die Intensität der Frage variieren. In den USA würde man vielleicht fragen: »Worauf sind Sie so richtig stolz?«, in Deutschland oder Japan eher: »Was war in den letzten Monaten gar nicht so schlecht?« oder »Was hätte schlechter laufen können?«

Ziele setzen

Die meisten traditionellen Methoden, mit Teams Ziele zu setzen, eignen sich auch für die Arbeit im lösungsfokussierten Teamcoaching. Wichtig ist hierbei nur, dass die Fragen an das Team lösungsfokussiert gestellt werden. Anstatt zu fragen: »Was ist Ihr Ziel«, fragen wir nach einer reichen Beschreibung der Situation nach der Zielerreichung: »Angenommen, Sie haben Ihr Ziel erreicht, woran würden Sie es als Erstes merken?«, oder Fragen nach der fiktiven Wahrnehmung anderer Stakeholder: »Woran, meinen Sie, merkt es Ihr Vorgesetzter?« oder »Woran merken es Ihre Kunden?« Hier ist eine kurze Liste möglicher Fragen:

Einzelarbeiten sind oft sehr hilfreich, weil die Teilnehmer auf diese Weise wirklich Zeit haben nachzudenken.

- »Angenommen, dieser Teamcoachingprozess ist sehr nützlich für Sie, was wird Ihnen in drei Monaten sagen, dass es eine sehr gute Idee war, diesen Teamcoachingprozess zu durchlaufen?«
- »Woran würde(n) Ihr Vorgesetzter, Ihre Kunden, der Vorgesetzte Ihres Vorgesetzten, andere Abteilungen etc. merken, dass es sich für Sie gelohnt hat, diesen Teamcoachingprozess zu durchlaufen?«
- »Was genau ist dann besser?«
- »Was noch?«
- »Was noch?«
- »Was müssen wir heute tun, besprechen, entscheiden, damit dies alles möglich wird?«

Wichtig ist hierbei das reiche Bild einer erwünschten Zukunft, deren Erreichung im Einflussbereich der Klienten liegt. Das Ziel sollte positiv formuliert sein, also die Anwesenheit einer neuen Situation beschreiben, und nicht die Abwesenheit von dem, was man sich nicht wünscht.

Übung 5: **Ziele**

Nehmen Sie sich die folgenden (so von uns in der Zusammenarbeit mit Klienten gehörten) Sätze und überlegen Sie, warum sie keine gute Zielformulierung für einen lösungsfokussiertem Prozess darstellen. Die Auflösung finden Sie unten.

1) Die Rechtsabteilung wäre endlich nicht mehr so überlastet und inkompetent.

2) Wir brauchen eine bessere Kommunikation.

3) Wir sollten aufhören, uns ständig gegenseitig zu beschuldigen.

Auflösung:

1) Dieses Ziel ist nicht im Einflussbereich der Klienten, außerdem negativ formuliert und wirkt sehr abwertend. Im Grunde weiß man nicht, was anstatt des beschriebenen Missstands vorhanden sein soll. Eine bessere Formulierung könnte zum Beispiel sein: »Unsere Zusammenarbeit mit der Rechtsabteilung hat sich so verbessert, dass wir für unsere wichtigen Anfragen schnell Auskunft erhalten.«

2) Dieses Ziel liegt zwar im Einflussbereich der Klienten, aber »Verbesserte Kommunikation« kann sehr vieles heißen – Ludwig Wittgenstein und Steve de Shazer würden es einen durch »Familienähnlichkeiten« definierten Begriff nennen. Hier müsste man als Berater nachfragen, woran man denn »Verbesserte Kommunikation« erkennen könnte. Meist bietet diese Zielklärung dann schon erste Ansätze zur Lösung: »Wir halten jeden Morgen, wenn alle da sind, ein zehnminütiges Stand-up-Meeting am Stehtisch ab, sagen einander, was wir heute vorhaben, und klären die Prioritäten.«

3) Auch hier geht es um etwas, das nicht mehr sein soll, statt darum, was sein soll. Auch hier ist die Zielklärung ein erster Schritt zur Lösung: »Wenn wir ein Problem haben, sprechen wir darüber, wie es gelöst werden kann. Es geht nicht darum, wer daran Schuld hatte.«

Als Moderationsmethoden zur Zieldefinition mit Teams bieten sich hier wieder unterschiedliche Formate an:

Flipchartabfrage

Die Flipchartabfrage zur Zieldefinition ist eine schnelle Art zu klären, was passieren muss, damit sich der Prozess gelohnt hat. Gerade bei der Zieldefinition ist es wichtig, dass sich das Team zumindest auf eine Richtung der gewünschten Entwicklung einigt. Deswegen sollten alle Teammitglieder hören, was die Ziele der jeweils anderen sind. Das ist bei einer Flipchartabfrage gut möglich. Für den Moderator oder die Moderatorin ist es wichtig, alle geäußerten Ziele zu notieren. Durch die Art der lösungsfokussierten Fragestellung kommt es selten vor, dass sich hierbei konfliktäre Ziele ergeben, schließlich sprechen wir ja darüber, was nach dem Teamcoachingprozess besser ist, und nicht darüber, wie man zu diesem Zustand gelangt. Falls sich doch konfliktäre Ziele ergeben, kann der Moderator oder die Moderatorin nach dem Ziel hinter dem Ziel fragen, bevor er oder sie es auf dem Flipchart notiert. Fragen hierbei wären zum Beispiel:

Durch die Art der lösungsfokussierten Fragestellung kommt es selten vor, dass sich konfliktäre Ziele ergeben.

- »Wenn Sie das erreicht haben, was ist dann besser?«
- »Was noch?«
- »Was noch?«
- »Können Sie mir ein wenig mehr zum Hintergrund Ihres Ziels erläutern? Was möchten Sie damit für das Team erreichen?«

Es kann sein, dass sich in dieser Situation einmal vorher genannte Ziele noch verändern. Dann kann man als Moderator oder Moderatorin problemlos einen Punkt durchstreichen und anders formulieren.

Beispiel 6: **Mehr oder weniger Kommunikation?**

Ein amerikanisch – deutsches Team war gespalten in seiner Zielsetzung: Die Amerikaner wollten mehr Kommunikation in der Projektbearbeitungsphase, die Deutschen fühlten sich durch die ständigen Meetings und Telefonkonferenzen beim Arbeiten gestört. Der Teamcoach fragte die Amerikaner: »Was wäre denn besser, wenn Sie mehr kommunizie-

ren würden?« Die Amerikaner antworteten: »Wir hätten mehr Transparenz, wüssten, wer gerade woran arbeitet, und es ginge uns besser dabei, wenn wir das Projekt unseren Vorgesetzten gegenüber vertreten.« Dann fragte er die Deutschen: »Was wäre denn besser mit weniger Meetings?« Die Deutschen meinten: »Wir könnten endlich mal was arbeiten und könnten dann unser Projekt viel besser gegenüber unseren Vorgesetzten vertreten.« »Aha!«, sagte der Teamcoach. »Sie wollen also wissen, wie der Projektstand jeweils ist, wer woran arbeitet und beide möchten gerne das Projekt gut darstellen können.« »Yes! Und ja!« Das war ein Ziel, an dem beide arbeiten konnten. Das Ergebnis war ein Experiment: Für das Team wurde eine Sharepoint-Seite eingerichtet, auf der jeder morgens notierte, was er oder sie gerade bearbeitete und wie weit er oder sie war. Hier gab es auch ein Forum, in dem Ideen ausgetauscht werden konnten, und beide Seiten stellten ihre Folien zur Projektpräsentation für die jeweiligen Managements ein. Die Meetings wurden auf die Hälfte reduziert. Das Experiment war recht erfolgreich.

Fiktive Abschlussrunde

Eine schöne Moderationsmethode für das Festlegen von Zielen in Workshops ist die fiktive Abschlussrunde. Die Gruppe stellt sich vor, es wäre bereits der letzte Tag des Workshops, kurz vor dem Ende. Wie es in Workshops zu üblich ist, bittet die Workshopleiterin oder der Workshopleiter um ein Feedback. Jeder Teilnehmer äußert sich darüber, warum er oder sie den Workshop besonders hilfreich fand. Hierbei kann die Moderatorin oder der Moderator auf dem Flipchart mitnotieren – das unterbricht aber ein bisschen den Flow dieser kreativen Methode. Man kann auch nach der fiktiven Abschlussrunde jeden Teilnehmer bitten, die jeweils wichtigsten (3, 5 …) Punkte auf ein Kärtchen zu schreiben und auf eine Pinnwand zu kleben. Danach kann man wieder clustern und möglicherweise auch

> *Bei der Priorisierung im lösungsfokussierten Vorgehen geht es nicht darum, die absolut richtige und einzige Erfolg versprechende Vorgehensweise zu wählen. Vielmehr geht es einfach darum zu überlegen, womit man am besten anfängt.*

priorisieren. Bei der Priorisierung im lösungsfokussierten Vorgehen geht es nicht darum, die absolut richtige und einzige Erfolg versprechende Vorgehensweise zu wählen. Vielmehr geht es einfach darum zu überlegen, womit man am besten anfängt.

Brief aus der Zukunft

Die Teilnehmenden versetzen sich geistig in die Zukunft und schreiben einen Brief aus einer möglichst positiven (aber realistischen) Zukunft. Diese Methode wurde von Yvonne Dolan (Dolan, 1991: 132) erstmals in die lösungsfokussierte Beratung eingeführt. Der Brief aus der Zukunft kann auf unterschiedliche Weise eingesetzt werden:

- Versetzen Sie sich in das Jahr 20XX, unser Teamcoachingprozess war sehr erfolgreich und alles ist so, wie Sie sich das wünschen. Beschreiben Sie in einem Brief an sich selbst, was Sie im Rückblick am Prozess nützlich fanden, und erzählen Sie sich auch davon, wie es jetzt im Jahr 20XX für Sie ist.
- Es ist das Jahr 20XX, Sie haben einen Preis für das beste Team gewonnen, und eine Zeitung schreibt einen Artikel über Sie. Schreiben Sie in einer Kleingruppe diesen Artikel.
- Es ist das Jahr 20XX, ein anderes Team sieht Ihren Erfolg und möchte wissen, was Sie getan haben, um diesen Erfolg zu bewerkstelligen. Beschreiben Sie zunächst in Kleingruppen / im Plenum den Erfolg. Die eine Hälfte der Gruppe / der Kleingruppen interviewt dann die andere Hälfte der Gruppe / der Kleingruppe darüber, wie dieser Erfolg zustandegekommen ist.

Bild malen

In Handlungsfeldern mit kreativen Menschen eignet sich besonders diese Methode: Die Teilnehmer malen ein Bild – entweder gemeinsam oder einzeln – mit anschließender Ausstellung in einer Galerie und den Kommentaren der »Künstler«.

Weitere kreative Methoden finden sich unter »Wunderfrage«.

Coping-Fragen

Eine »Coping-Frage« bietet sich im Einzelcoaching in Situationen an, wenn der Klient oder die Klientin wenig Zuversicht hat, dass etwas getan werden kann, um die Situation zu verbessern, oder wenn der Klient oder die Klientin noch sehr von der Schwere des Problems erdrückt scheint und keine Ausnahmen oder Ressourcen sichtbar werden. In diesem Fall kann man im Einzelcoaching die Schwere des Problems anerkennen und nach einer ausreichenden Würdigung des Problems und der scheinbaren Ausweglosigkeit behutsam Fragen stellen: »Wie halten Sie das denn nur aus?« oder »Wie schaffen Sie es unter diesen Voraussetzungen, überhaupt noch so gute Arbeit zu leisten?« Die Formulierung hängt natürlich von dem Sprachgebrauch und der Stimmung des Klienten oder der Klientin ab.

Wenn ein Team in einer ähnlich schwierigen Lage ist, hilft es auch hier, über die Coping-Frage nachzudenken. Es tauchen in Teamcoachings manchmal Schwierigkeiten auf, die durch das Umfeld bedingt sind. So muss z. B. ein bestimmter Prozess eingehalten, eine ganz bestimmte Software benutzt oder mit einer bestimmten Abteilung zusammengearbeitet werden. So verständlich Ärger über ungünstige, aber unveränderbare Strukturen oder Prozesse ist, so wenig nützlich ist es, allzu viel Zeit damit zu verbringen, über Dinge zu sprechen, die nicht zu ändern sind. Auch hier können Coping-Fragen weiterhelfen. Ich frage dann zunächst nach, ob das jeweilige Thema etwas ist, das hier und heute gelöst oder verbessert werden kann. Dabei ist es wichtig, als Berater die eigene Meinung zurückzuhalten.

So verständlich Ärger über ungünstige, aber unveränderbare Strukturen oder Prozesse ist, so wenig nützlich ist es, allzu viel Zeit damit zu verbringen.

Mir ist es auch schon passiert, dass Dinge plötzlich ansprechbar und veränderbar wurden, die ich für in diesem Rahmen nicht veränderbar gehalten hatte. In einem Meeting mit einem Team von Führungskräften wurde sogar einmal ein für untauglich erachtetes Performancemanagementsystem von Bord geworfen. Wenn das Team aber aussagt, dass etwas gesetzt und nicht veränderbar ist, dann hilft es am meisten, gemeinsam mit dem Team zu überlegen, wie es am besten mit dieser Situation umgehen kann. Es hilft auch hier zu normalisieren, die Gesamtlage als alltäglich darstellen und vielleicht auch aus der eigenen Erfahrung von anderen Unternehmen (hinreichend anonymisiert) zu berichten, bei denen auch immer wieder Probleme mit einer ähnlichen Konstellation auftreten. Keine Organisation ist perfekt, und überall wird man Prozesse und Strukturen finden, die für das eine oder andere Team Schwierigkeiten bereiten. Es liegt schlicht in der Natur der Sache, und es hilft Teams dabei, zufrieden mit der Situation umzugehen, wenn sie wissen, dass es nicht nur ihr eigenes Unternehmen betrifft. Die Unzufriedenheit mit solchen Situationen deute ich als Teamcoach als Engagement und Enthusiasmus. Die Teammitglieder möchten gerne ihr Bestes geben und dem Unternehmen nutzen, sie engagieren sich für das Unternehmen und streben nach einer Verbesserung, selbst wo sie möglicherweise nicht umsetzbar ist. Diesen Wunsch nach Effizienz anzuerkennen, ist auch etwas, was die meisten Teammitglieder sehr schätzen.

Coping-Fragen kommen meist zwischendurch in Plenumsdiskussionen oder auch bei der Beobachtung von Kleingruppendiskussion vor und wenigerals geplanter Schritt in einer Moderation. In den seltenen Situationen, wo es darum geht, dass ein Team sich mit einer gesetzten Struktur abfinden muss (z. B. bei Zusammenlegungen von zwei Teams oder bei Ankündigung von Restrukturierungen, Outplacementverfahren) kann während der Zielsetzungsphase auch ein vorher bestimmter Platz für die Anerkennung der Schwierigkeit und einer für die Wertschätzung für die Ressourcen, die das Team schon im Umgang mit der Schwierigkeit gezeigt hat, eingeräumt werden. Als Moderationsformen eignen sich die im Folgenden beschriebenen Aktionen:

Plenumsdiskussion

Eine geeignete Form, hier das Plenum zu moderieren, ist, jeden einzelnen Teilnehmer um einen Redebeitrag zum Thema »Wie gehe ich gut mit dieser Situation um?« zu bitten. Je nach Stimmung im Team können diese Ideen dann auf dem Flipchart visualisiert werden oder auch einfach nur gehört werden.

Partnerarbeit oder Kleingruppenarbeit

Eine weitere Möglichkeit zur Bearbeitung von Coping-Fragen sind Partner- oder Kleingruppenarbeit. Hier besteht die Schwierigkeit, dass Kleingruppen oder Paare häufig die Arbeitsanweisung »Sprechen Sie darüber, was Sie tun, um mit dieser Situation zurechtzukommen. Identifizieren Sie Tipps und Hilfestellungen, die Sie anderen geben könnten« kreativ umdeuten und sich (meiner Ansicht nach weniger nützlich) mit dem Thema beschäftigen: »Warum das alles so schlimm ist und wie schrecklich man darunter leidet und außerdem hört man uns ja doch nicht zu usw.« Hier kommt es auf eine gute Aufgabenstellung an und auch darauf, dass die Berater ein moderierendes Auge auf die Kleingruppen haben, falls diese sich verzetteln und sich in Diskussionen verstricken, die sie hier wahrscheinlich nicht weiterführen.

Skalieren

Das Skalieren dient dem Identifizieren von nützlichen Unterschieden, sowohl im Einzel- als auch im Teamcoaching. Anders als bei »objektiv messbaren« Kennzahlen oder beim Benchmarking geht es bei lösungsfokussierter Skalenarbeit nicht darum, etwas zu messen. Vielmehr geht es darum, es den Klienten möglich zu machen, relevante Unterschiede zu bemerken, die wiederum Hinweise auf Verhaltensmöglichkeiten bieten.

Es geht bei lösungsfokussierter Skalenarbeit nicht darum, etwas zu messen. Vielmehr geht es darum, es den Klienten möglich zu machen, relevante Unterschiede zu bemerken.

Skalierungsfragen funktionieren folgendermaßen:

1) Die Skala geht meistens von 1 (oder 0) bis 10. 10 steht dafür, dass die Situation zufrieden stellend ist. Es kann auch sein, dass man die 10 als das Verschwinden des Problems oder anders definiert, das kommt auf die Gesprächssituation und die jeweiligen Klienten an. Auf jeden Fall aber sollte es sich um eine realistische Möglichkeit handeln, die mit Mitteln der Klienten zu erreichen ist. Eine 10, die nicht im Einflussbereich der Klienten liegt,

z. B.: »Das Outsourcingprogramm wurde rückgängig gemacht, und wir haben wieder die Lohnbuchhaltung in Deutschland«, würde nicht dazu dienen, dass kleine mögliche Unterschiede im Verhalten der Klienten identifiziert werden können, und darum verwendet man die Skalierung so nicht. Der erste Schritt ist also die Definition eines attraktiven Ziels, einer 10. Insoo Kim Berg verwendete immer eine Skala von 1 bis 10, weil für sie eine 0 zu hoffnungslos schien. Steve de Shazer verwendete immer eine 0, weil er Wissenschaftler war und die Skala nun mal bei 0 anfängt. Es gibt keine Untersuchungen darüber, was wann effektiver ist – Sie dürfen es sich nach eigener Präferenz aussuchen. Es gibt auch die Möglichkeit, anders herum zu arbeiten. Minus 10 ist die Situation, an der es am schlimmsten war, und besser sind dann kleinere Minuszahlen oder gar Zahlen im Plus. Dies hat den Vorteil, dass auch bei sehr hoffnungslos erscheinenden Situationen Unterschiede erfragt werden können.

2) Der nächste Schritt besteht darin, die Teammitglieder zu befragen, wo sie die Situation, wie sie im Moment ist, auf der Skala von 1 bis 10 einordnen. Hier ist es wichtig, dass jede Einschätzung individuell ist und dass sich das Team auch nicht auf eine gemeinsame Einschätzung einigen muss. Jedes Teammitglied hat eine andere Vorstellung von der 10 – ehrgeiziger oder realistischer – und deswegen besteht auch nicht die Notwendigkeit, dass das Team eine gemeinsame Zahl nennt. Für viele Teams ist es wichtig, dies vor diesem Schritt klarzustellen. Es kann sonst sein, dass sich die Teammitglieder durch die anders lautende Einschätzung von anderen Teammitgliedern brüskiert fühlen: »Wie – du findest unsere Zusammenarbeit ist nur eine 3! Das ist ja unverschämt!« Am besten sagt der Berater oder die Beraterin vorher, dass keiner wissen kann, was die einzelnen Zahlen für die jeweiligen Teammitglieder bedeuten. Es ist entscheidend herauszufinden, was schon gut funktioniert und was nächste

Schritte sein können, und nicht, sich über unterschiedliche Einschätzungen der momentanen Situation auseinanderzusetzen.

3) Nach der Einschätzung der momentanen Situation wendet sich der Blick der Gruppe unter Anleitung des Teamcoaches auf das, was gut funktioniert und auf die Aktionen des Teams, die dazu geführt haben, dass sich das Team mehrheitlich nicht auf 0 befindet. Falls sich das Team mehrheitlich doch auf 0 befindet, sollte man als Teamcoach mit einer Coping-Frage weitermachen.

4) Erst nach ausreichender Exploration dessen, was gut funktioniert, stellen wir die Frage nach einem möglichen nächsten Schritt in Richtung 10.
   - »Welchen nächsten Schritt in Richtung 10 würden Sie bemerken?«
   - »Woran würden Sie diesen Schritt merken?«
   - »Woran noch?«
   - »Wer merkt diesen Schritt noch?« (Das können zum Beispiel die Kunden, andere Teams, der Chef, der Chef des Chefs usw. sein. Wenn das Team hier einen wichtigen Beteiligten vergisst – oftmals werden die Kunden vergessen –, kann man als Teamcoach auch direkt nachfragen: »Woran würden es Ihre Kunden merken?«)
   - »Woran merken es andere relevante Stakeholder?«
   - »Was würden Sie bei diesem Schritt (+X) anders tun als bei X?«

Es gibt viele Möglichkeiten, Skalierungsfragen zu moderieren.

Scaling Walk

Eine sehr anschauliche Möglichkeit ist der sogenannte »Scaling Walk«. Dabei stellt man sich vor, das eine Ende des Raums stelle die 10 dar, das andere die 1 oder 0. Die Teilnehmer positionieren sich physisch auf dieser Skala dort, wo sie die Situation zurzeit sehen. Die anschließenden Fragen können dann durch Bewegungen begleitet werden. Wenn man über das spricht, was noch oder schon gut läuft, kann man den Blick der Gruppe in Richtung 0 – also zurück – wenden. Geht es darum, die Auswirkungen eines nächsten Schrittes zu beschreiben, können alle in der Gruppe tatsächlich einen Schritt nach vorne gehen. Dadurch, dass sich die einzelnen Teammitglieder meistens gut auf der Skala verteilen, bilden sich auch natürliche Kleingruppen, die jeweils die Anschlussfragen diskutieren können. Hierbei bietet sich eine Visualisierung auf zwei Pinnwänden oder Flipcharts an. Das eine Flipchart hat die Aufschrift: »Was ist schon / noch gut?«, das andere »Nächste Schritte«. Mit dem Flipchart »Nächste Schritte« kann man unter Umständen dann gleich nach dem Clustern der Beiträge weiterarbeiten.

Übung 6: **Scaling Walk im Selbstcoaching**

Versuchen Sie doch auch einmal einen Scaling Walk, wenn Sie allein vor einem Problem stehen. 10 ist irgendwo im Raum und stellt die Lösung dar, die Sie sich wünschen. Stellen Sie sich erst auf 10 und überlegen, was dort genau anders ist. Dann gehen Sie auf den Punkt, auf dem Sie sich gerade befinden, überlegen, was Sie schon dorthin bringt. Als Nächstes erfolgt die Frage: Woran erkennen Sie, dass Sie einen Schritt weiter sind? Wer erkennt es noch und woran?

Beispiel 7: ***Scaling Walk im Training***

Ein Pharmaunternehmen hatte festgestellt, dass seine Außendienstmitarbeiter im Umgang mit »Key Opinion Leaders« – also wichtigen Ärzten, Professoren, Leitern von Forschungsinstituten – eher zögerlich umgehen. Für die Platzierung eines hochwirksamen, neuen Medikaments war es aber wichtig, gerade diese »Key Opinion Leaders« zu überzeugen, da das neue Medikament gegenüber dem Vorgänger große Vorteile für die Patienten bot und das Patent für das alte Medikament der gleichen Firma bald auslaufen würde. Es gab einige Referenten, die schon sehr erfolgreich für die Umstellung auf das neue Medikament argumentiert hatten – anderen wiederum fiel das sehr schwer. Ein Training sollte hier Austausch und Kompetenzzuwachs ermöglichen.

Wir nutzten den Scaling Walk ziemlich am Anfang des Trainings. Nach der Zielsetzung war allen klar, warum es so wichtig war, das neue Medikament nach vorne zu bringen. Auch die persönlichen Ziele der Pharmareferenten stimmten aufgrund der Incentive-Strukturen mit den Unternehmenszielen überein. Jeder war außerdem von der Nützlichkeit des neuen Medikaments für die Patienten überzeugt.

Wir hatten einen großen Raum für 25 Teilnehmer. Hier stellten sich alle auf einer Skala von 1 bis 10 auf. 10 war: »Ich spreche wichtige Key Opinion Leaders gerne auf unser Medikament an und weiß genau, wie ich sie vom Nutzen überzeugen kann« und 1 war »das Gegenteil«. Wir baten dann die Teilnehmer, sich in einer Linie zu formieren, und liefen mit den Teilnehmern, die sich am höchsten eingeschätzt hatten, wie in einer Polonaise zum anderen Ende des Raums. Auf diese Weise standen sich Teilnehmer, die sich nicht so hoch eingeschätzt hatten, und Teilnehmer, die sich sehr hoch eingeschätzt hatten, direkt gegenüber. Am anderen Ende gab es eine Gruppe, die sich alle ungefähr mittig eingeschätzt hatten. Wir teilten die Gruppe in Vierergruppen und baten sie, zunächst auf Moderationskarten zu sammeln, was schon gut funktioniert. Die Antworten clusterten wir auf Pinnwänden. Hier war schon sehr viel Austausch und Kompetenzzuwachs zu erkennen. Als Nächstes baten wir die gleichen Gruppen, die Frage »Woran merken es die Key Opinion Leader, wenn Sie einen Schritt weiter auf der Skala sind?« zu beantworten und clusterten auch diese Antworten. Es kristallisierten sich mehrere Themen heraus, die daraufhin von frei gewählten Gruppen bearbeitet wurden. Es gab zum Beispiel eine Gruppe zum Thema »Kurze Aufbereitung der relevanten Studienergebnisse« und eine Gruppe zum Thema »Wie kann ich überzeugen, wenn ich weiß, dass meine Fachkenntnis nicht so hoch ist wie die meines Gesprächspartners?« und so weiter.

Obwohl wir selbst über keine tiefgreifende Sachkenntnis zum Thema »Überzeugender Umgang mit Key Opinion Leaders in der Medizin« verfügten, konnten wir auf diese Weise dafür sorgen, dass alle wichtigen Fragen beantwortet wurden und jeder Pharmareferent für sich einen oder mehrere Schritte weitergekommen war. Wir hatten noch das Glück, einen »Follow-up«-Tag veranstalten zu dürfen, an dem die Teilnehmer ihre Erfahrungen noch einmal gemeinsam reflektieren konnten. Auch hier wendeten wir wieder den Scaling Walk an und stellten mit Freude fest, dass sich die ganze Gruppe deutlich in Richtung 10 bewegt hatte. Dies war auch eine schöne Bestätigung für unsere Auftraggeber.

Wenn man das Gefühl hat, dass es für die Teilnehmer wichtig ist, nicht zu äußern, wo sie sich und ihr Team zurzeit sehen, kann man den Scaling Walk auch durchführen, indem sich alle Teilnehmer auf eine Linie stellen und sich jeder nur im Geiste denkt, auf welcher Zahl er oder sie sich befindet. Man kann dann genauso den Blick in Richtung 1 oder 0 wenden und einen Schritt in Richtung 10 gehen. Hierbei ist es nur wichtig zu fragen, ob sich irgendjemand auf der 0 befindet. Dieser Teilnehmer oder diese Teilnehmerin müsste dann anstatt »Was läuft noch gut?« oder »Was sagt Ihnen, dass Sie nicht auf 0 stehen?« gefragt werden, wie es kommt, dass es nicht noch schlimmer ist.

Flipchartabfrage

Eine weitere Möglichkeit zur Moderation von Skalierungsfragen ist die Flipchartabfrage mit Klebepunkten. Man nimmt ein oder zwei Flipcharts quer und malt eine große Linie darauf. Die Teilnehmer kleben Punkte. Dies kann auch anonym geschehen, wenn man die Flipcharts an eine Pinnwand hängt und diese umdreht – die Teilnehmer kleben dann ihre Punkte zum Beispiel in der Pause, wenn es niemand anders sieht. Die weitere Bearbeitung der Skalierungsfrage kann wieder entweder im Plenum oder in Kleingruppen passieren.

Handheben

Wenn man eine sehr große Gruppe hat und es unpraktisch ist, dass sich alle im Raum bewegen – sei es zu einer Pinnwand oder in einem Scaling Walk –, kann man auch alle bitten, ihre Einschätzung per Handzeichen kundzutun. Dabei bedeutet 10, wenn die Hand weit ausgestreckt nach oben zeigt und 0, wenn die Hand zu Boden hängt.

Summen

Sollte es bei ganz großen Gruppen um Themen gehen, bei denen es den Teilnehmenden schwerfällt, sich mit ihrer Einschätzung zu outen, kann man auch die Teilnehmenden bitten, bei Nennung der betreffenden Zahl zu summen. Das fällt nicht so auf, wie die Hand zu heben, und ist eine auflockernde und lustige Angelegenheit.

Ausnahmen und Ressourcen

Es gibt viele Möglichkeiten, das Team nach Ausnahmen und Ressourcen zu fragen. Es geht darum, Gelegenheiten zu identifizieren, in denen das Problem weniger intensiv auftauchte und etwas besser gelungen ist als erwartet. Das Team schöpft dadurch Zuversicht, dass es besser werden kann. Durch die Analyse der Ausnahmen können meist auch erfolgreiche Strategien für die Zukunft generiert werden.

Besonders bietet sich die Frage nach Ausnahmen und Ressourcen nach einer Skalierungsfrage – oder während eines Skalierungsprozesses – an. Man kann einfach fragen: »Wann war es denn schon einmal besser?« oder »Gab es auf der Skala schon einmal höhere Werte?« Danach schließen wir an mit: »Was haben Sie dazu beigetragen?«, um mögliche Handlungsalternativen des Teams zu entdecken.

Wenn es mehrere Ausnahmen gibt, kann man das Team in Kleingruppen daran arbeiten lassen, was die Ausnahme ermöglicht hat. Erfahrungsgemäß ist es gut, die Frage »Was haben Sie zu dieser Ausnahme beigetragen?« oder »Was hat Ihnen diese Ausnahme ermöglicht zu tun?« auf das Flipchart zu schreiben. Meistens sind Teilnehmer nicht daran gewöhnt, positive Ereignisse darauf abzuklopfen, was sie getan haben, um sie zu ermöglichen. Ohne schriftliche Arbeitsanweisung läuft die Diskussion gerne in die Richtung, dass man überlegt, warum es nicht immer so ist (und das wäre in diesem Moment nicht so hilfreich).

Eine schöne Möglichkeit, wertschätzende Rückmeldungen mit der nützlichen Suche nach Ausnahmen und Ressourcen zu verbinden, ist auch, die Gruppe ein »Highlight« identifizieren zu lassen und sie einzuladen, darüber zu sprechen, wer was dazu beigetragen hat. Dabei darf niemand über sich selbst sprechen, sondern nur seine oder ihre positiven Beobachtungen dessen, was andere beigetragen haben, kundtun. Wenn das etwas zu künstlich oder peinlich erscheint, kann man auch die Gruppe bitten, die Beobachtungen auf Haftnotizen zu notieren und auf die Pinnwand zu kleben – dabei hat man aber das Risiko, dass jemand kein Lob »abkriegt«, was vielleicht kränkend sein könnte. Um dies wiederum zu vermeiden, kann man auch jeden bitten, für alle ein Kärtchen oder Haftnotiz zu schreiben oder für jeden einige Kärtchen vorbereiten. Unserer Erfahrung nach ist die mündliche Variante (zumindest in Zentraleuropa) am einfachsten.

Wunderfrage

Laut Coert Visser (http://solutionfocusedchange.blogspot.com/2007/10/who-invented-miracle-question.html) wurde die Wunderfrage von Insoo Kim Berg zufällig im Gespräch mit einer Klientin entdeckt, vom Brief Therapy Center weiterentwickelt und 1988 erstmalig von Steve de Shazer (1988: 5–6) publiziert. Die Wunderfrage lädt die Klienten ein, sich eine Welt vorzustellen, in der das Problem oder die Herausforderung nicht mehr besteht, um dann aus den Antworten mögliche Ansätze für eine Verbesserung in der tatsächlichen Situation zu eruieren. Ein Unterschied zwischen Wunderfrage und Zielsetzungsfragen besteht darin, dass man sich in der Wunderfrage komplett von einem gedachten linearen Zusammenhang von Problem und Lösung entfernt und nur noch betrachtet, wie die Welt wäre, wenn das Problem nicht da wäre. Dies lenkt die Aufmerksamkeit der Klienten auf alles, was außerhalb des Problems liegt, und geht völlig gegen den ersten Impuls, erst das Problem genau zu verstehen, um eine Lösung finden zu können.

In der Wunderfrage löst man sich komplett von einem gedachten linearen Zusammenhang von Problem und Lösung.

Die Wunderfrage kann auf viele Arten wirksam gestellt werden. Eine Standardvariante ist:

»Ich möchte Ihnen eine etwas merkwürdige Frage stellen, die ein wenig Fantasie erfordert.
Angenommen, unser Workshop / Gespräch ist heute vorbei und Sie gehen nach Hause. Zu Hause tun Sie alles, was Sie gewöhnlich abends noch so tun. Vielleicht essen Sie noch etwas, schauen noch etwas fern, putzen sich die Zähne … und irgendwann werden Sie müde und gehen zu Bett und schlafen ein. Und mitten in der Nacht, während Sie tief und fest schlafen, geschieht ein Wunder. Und das Wunder ist, dass alles, worüber wir hier gesprochen haben, und vielleicht auch das, worüber wir noch nicht gesprochen haben, gelöst ist, einfach so. Nun schlafen Sie ja tief und fest, und deswegen merken Sie nicht, dass das Wunder passiert ist, und am nächsten Morgen verrät es Ihnen auch keiner. Woran werden Sie am nächsten Morgen anfangen zu entdecken, dass da ein Wunder passiert ist?«

Meist wissen Teams zunächst nicht, was sie auf diese Frage antworten sollen. Hier muss dann der Berater oder die Beraterin weiter nachfragen:

»Was wäre das erste kleine Zeichen …?«

In der lösungsorientierten Beratung ist die Einbeziehung einer gedachten Außenperspektive nur dazu da, beobachtbare Unterschiede festzustellen.

Unter Schmunzeln finden sich eigentlich immer Antworten, vom Trivialen über das wirklich Wichtige. Für den Teamcoach kommt es darauf an, hier wohlformulierte Ziele herauszuarbeiten. Woran merken es die Teammitglieder? Was tun sie nach dem Wunder anders? Welche beobachtbaren, interaktionalen Zeichen gibt es, dass das Problem gelöst ist? Zirkuläre Anschlussfragen bzw. Fragen mit Perspektivwechsel (z. B.: »Woran merken es andere Menschen?«) liefern hier gute, für das Team nützliche Antworten:

»Woran würden Ihre Kunden merken, dass für Sie das Wunder passiert ist?«

»Was würden dann die anderen sagen, dass Sie dazu beigetragen haben?«

»Woran merken es Ihre Lebenspartner?«

Wie bei der Erarbeitung von Zielen geht es hier bei der Einbeziehung der Außenperspektiven um das Identifizieren von beobachtbaren Unterschieden. Wir stellen uns die Außenperspektiven ja nur vor – was diese Personen tatsächlich merken würden, ist und bleibt unbekannt. Es gibt hier eine Ähnlichkeit der Fragestellung zu »Zirkulären Fragen« in der systemischen Therapie. In der lösungsorientierten Beratung ist aber die Einbeziehung einer gedachten Außenperspektive wirklich nur dazu da, beobachtbare Unterschiede festzustellen und nicht etwa wie z. T. in der systemischen Beratung dazu, zirkuläre Prozesse und Beziehungsmuster aufzudecken oder um größere Klarheit über die verwobenen Interaktionsmuster zu erhalten oder anderweitig Informationen zu sammeln (Reich, 2008).

Wichtig sind hierbei folgende Gesprächssteuerungsmittel, wie sie von Peter de Jong und Insoo Kim Berg in »Lösungen (er)finden« (1998: 127) für die Einzelberatung vorgeschlagen werden:

- Langsam und weich anfangen
- Die Frage als »ungewöhnlich« markieren
- Zunächst im Futur oder Konjunktiv sprechen: »Woran würden Sie es merken?«
- Dann bei der Begleitung der Entwicklung von beobachtbaren Zeichen durch die Nachfolgefragen nach der Wunderfrage in den Indikativ wechseln: »Wenn das Wunder geschieht, dann tun Sie …«
- Den Wechsel der Aufmerksamkeit des Teams auf das, was anders wäre, freundlich und hartnäckig bestätigen und sanft zurückleiten, wenn das Team wieder in die Problembeschreibung verfällt (die ja auch ihren Platz hat, aber eben nicht hier)

Manche meinen, im Wirtschaftskontext wäre eine traditionelle Wunderfrage nicht zu stellen – die Klienten würden sich sicher sträuben, fänden es albern. Unserer Erfahrung nach funktioniert die Wunderfrage auch im Organisationskontext gut. Es ist uns in über 15 Jahren einmal passiert, dass ein Teilnehmer die Frage als »esoterisch« abtat, und wahrscheinlich war hier der Grund eher der, dass der Teilnehmer überhaupt nicht daran arbeiten wollte, Lösungen zu entwickeln. Das hätten wir erkennen und die

Wunderfrage unterlassen können – haben wir in diesem Moment aber leider nicht. Steve de Shazer sagte einmal, dass für die Wunderfrage wie bei einem guten Steak die Pfanne erst einmal heiß gemacht werden muss. Es gibt nicht viele Hinweise darauf, was das genau bedeutet, aber die Bereitschaft des Klienten, nach Lösungen zu suchen, gehört wahrscheinlich dazu.

Wem die Wunderfrage in ihrer traditionellen Form zu heikel für den Kontext ist, kann auch mit anderen Formaten experimentieren. Wichtig ist immer, dass im gewählten Konstrukt der lineare Zusammenhang von Problem und Lösung aufgelöst wird. Eine Welt nach dem Wunder macht viele Dinge möglich, die ohne Wunder nicht möglich wären. Um ohne Wunder auszukommen, kann man anstatt vom Wunder von einer »nicht vorhersehbare Entwicklung« sprechen.

Beispiel 8: **Strategiesitzung**

Der ehrenamtliche Vorstand eines Trägervereins von mehreren sozialen Einrichtungen hatte zum ersten Mal eine hauptamtliche Leitung der betriebenen Beratungsstellen eingestellt. Zuvor waren die Geschäfte vom Vorstand selbst geführt worden, was viel Energie gebunden hatte. Auf der einen Seite waren die sechs Vorstandsmitglieder froh, sich nun nicht mehr allzu sehr um das Tagesgeschäft kümmern zu müssen, auf der anderen Seite waren sie auch sehr mit den Beratungsstellen verbunden, zwei der Vorstandsmitglieder waren selbst auch hauptamtlich Berater – sie hatten auch auf die Einstellung der Leitung gedrängt, weil sie eben beraten wollten und sich nicht mit Personalplänen, Entlohnungsstrukturen und Steuern beschäftigen wollten. Das Team wollte sich darüber klar werden, wie sie gemeinsam nun als »Vorstand des Trägervereins ohne Geschäftsführung« zum Wohl der Beratungsstellen agieren könnten.

Wir installierten in der Tür eine gedachte »Wunder- und Zeitdusche« und traten durch diese zu einer neuen Sitzung zwei Jahre nach dem geglückten Versuch, eine hauptamtliche Leitung zu etablieren, wieder zusammen. Wie in jeder Moderation begannen wir mit: »Was ist seit dem letzten Mal besser geworden?« Es sprudelten die Beiträge: »Wir haben wieder strategisch gearbeitet, ein neues Projekt angefangen, mehr Lobbyingarbeit gemacht usw.« Die nächste Frage war: »Was haben Sie getan, um diesen Erfolg zu ermöglichen?« »Wir waren in gutem Kontakt zur hauptamtlichen Leitung, hatten regelmäßige Sitzungen, haben ein Konzept erarbeitet, wann wer was entscheidet, usw.« Diese Antworten gaben auch teilweise den Inhalt des weiteren Meetings vor. Es war z.B. deutlich geworden, dass klare Entscheidungsstrukturen und -richtlinien grundlegend für den Erfolg sein würden. Diese wurden im Anschluss gemeinsam erarbeitet.

Moderationsmöglichkeiten

Es gibt verschiedene Arten und Weisen, die Wunderfrage in einem Teamcoachingprozess zu moderieren. Wichtig ist, dass die Wunderbeschreibungen jedes Teammitglieds gleichberechtigt nebeneinander stehen können. Sind es gegensätzliche Beschreibungen, sollte der Teamcoach mit »Was genau ist dann besser, wenn dieser Teil Ihres Wunders eintritt?« nachfragen. Dadurch lösen sich meist vordergründig gegensätzliche Beschreibungen des Wunders in ein Bild, das alle teilen können, auf. Das Gleiche gilt für Antworten, die erst einmal albern erscheinen.

Beispiel 9: **Die russische Gräfin**

Wir berieten einmal das Managementteam eines großen osteuropäischen Luxushotels in einer Mischung aus Strategieentwicklung und Teambuildingevent. Wir stellten eine traditionelle Wunderfrage und baten die Gruppe in kleinen Gruppen, Antworten auf ein Flipchart zu schreiben. Aus der gelassenen Heiterkeit hinter den jeweiligen Flipcharts entnahmen wir, dass sich die Gruppen zumindest beim Antworten gut amüsierten. Der Grund für das Amüsement trat dann in der anschließenden Plenumsdiskussion offen zutage: zwei von drei Gruppen hatten als Teil ihres Wunders Folgendes beschrieben: »Gräfin XY sitzt nicht mehr schon um 17:00 Uhr betrunken an der Bar und vergrault die internationale Klientel.« Dies ist natürlich kein wirklich wohlformuliertes Ziel – es ist zwar spezifisch und vorstellbar, aber eben nicht im Verantwortungsbereich des anwesenden Managements. Wir fragten die Gruppe: »Was ist denn besser, wenn die Gräfin nicht betrunken in der Bar sitzt?« Es kamen Antworten wie: »Wir können einem professionellen Barservice anbieten«, »Wir werden zum Treffpunkt für die Unternehmensberatungen nach der Arbeit«, »Diese Unternehmen bringen dann auch ihre Gäste in unserem Hotel unter.« An diesen Antworten konnten wir dann – anders als an der nun wirklich nicht entscheidenden Anwesenheit oder Abwesenheit von Gräfin XY – weiterarbeiten.

Kleingruppen oder Plenum

Wenn man die Gruppe in kleinen Gruppen die Wunderfrage beantworten lässt, hat das den Vorteil, dass jeder und jede sein oder ihr Wunder bedenken und beschreiben kann. Es ist aber auch für Teams sehr nützlich, wenn sie von einander hören, wie sich jeder eine positive Zukunft für das Team ausmalt. Es wird plötzlich offensichtlich, dass sich jedes Teammitglied gerne eine positive Entwicklung vorstellt und dementsprechend sich auch dafür engagieren möchte. So wird ein positives Bild der anderen Teammitglieder gestützt und aufgebaut und das ist wiederum sehr nützlich für den weiteren Prozess. Je nach Gruppengröße sollte man abwägen, was gerade wichtiger ist. Wir würden im Zweifel dazu tendieren, auch mit einer größeren Gruppe im Plenum zu arbeiten. Eine weitere Alternative ist, dass sich jeder allein fünf bis zehn Minuten lang Stichpunkte zum Tag nach dem Wunder aufschreibt und die Stichpunkte danach zusammengetragen werden. Eine weitere Möglichkeit zur effektiven Arbeit im Plenum mit der Wunderfrage ist es, dass jeder für sich die wichtigsten Punkte auf einzelnen Moderationskärtchen notiert und die Moderationskärtchen im Anschluss auf Pinnwänden platziert werden. Man kann auch die einzelnen Teile der Wunderfrage nacheinander stellen. Man beginnt mit: »Woran werden Sie es merken?«, und lässt die Teilnehmer Antworten auf Moderationskärtchen schreiben. Danach fragt man die Gesamtgruppe: »Wer wird das Wunder noch merken?«, und erstellt zum Beispiel eine Mindmap auf einem Flipchart. Danach teilt man die Gruppe in Kleingruppen auf. Jede Kleingruppe beschriftet ein Flipchart mit dem, was eine bestimmte Stakeholder-Gruppe

Die Wunderfrage im Plenum kann ein positives Bild der Teammitglieder untereinander unterstützen.

bemerkt, wenn das Wunder passiert ist, z.B. eine Gruppe darüber, was die Kunden merken werden, und eine andere darüber, was das Topmanagement bemerken wird. Diese Antwort-Flipcharts können dann im Raum aufgehängt und von allen gelesen werden. Die Vielzahl der Antworten erfordert im Anschluss wieder einen Priorisierungsprozess, der zum Beispiel per Skalierung oder Abstimmung durch Klebepunkte vorgenommen werden kann. Die Skalierung bietet hier eine relativ einfache Priorisierung. Man fragt (natürlich nacheinander): »Auf einer Skala von 0 bis 10, wo stehen Sie jetzt? Was läuft schon in die richtige Richtung? Was wären nächste Schritte?«

Miracleboard

Für die Wunderfrage gibt es viele verschiedene kreative Moderationsmöglichkeiten. Das gemeinsame Beschreiben einer gewünschten Zukunft macht Spaß, und das kann sich auch in den gewählten Moderationsmethoden niederschlagen. Beim Storyboard teilt man ein Flipchart in sechs »Szenen« oder »Bilder«. Kleingruppen oder Einzelpersonen malen zunächst das letzte Bild – den Morgen nach dem Wunder. Es ist hierbei sehr nützlich, die Arbeitsanweisung zu geben, dass das Bild das Team zeigen soll, wie es am Morgen nach dem Wunder agiert – ansonsten läuft man Gefahr, dass eine allgemein wundervolle Zukunft beschrieben wird, die nichts mit dem gewünschten Alltag für das Team zu tun hat: Z.B. wir haben alle im Lotto gewonnen, UFOs sind gelandet und alle unsere Probleme sind gelöst. Die Bilder davor sollen Momente sein, die schon ein bisschen so sind wie auf dem Weg zum Wunder. Das erste Bild soll ein tatsächliches Ereignis in der Vergangenheit des Teams darstellen, was schon ein bisschen so war wie das Wunder, gewissermaßen ein Vorbote. Die Flipcharts werden anschließend im Seminarraum aufgehängt, und man gibt den Teilnehmern Zeit, sich jedes Flipchart anzusehen. Danach kann man eine Skalierung anschließen.

Rollenspiel in der Zukunft / Video

Die Grundidee des Storyboards, dass die Teammitglieder sich zunächst das Wunder bildlich vorstellen und dann bis zur ersten Anzeichen des Wunders in der Gegenwart zurückarbeiten, kann auch mit anderen Medien umgesetzt werden. Die Teilnehmer können die einzelnen Stadien als Theaterszenen aufführen oder kleine Videos drehen. Besonders bei einer strategischen Neuorientierung oder einem großen Umbruch in einem Team kann es sehr nützlich sein, die Ergebnisse der Wunderfrage als Videos für alle zugänglich zu halten (z. B. auf dem gemeinsamen Laufwerk). Die technische Umsetzung ist inzwischen auch recht einfach, da die meisten Teilnehmer über ein Smartphone verfügen, das es ihnen erlaubt, in ausreichender Qualität kurze Szenen aufzunehmen. Sowohl auf Apple als auch auf Windowsrechnern gibt es kostenlose Programme, mit denen man die Videos dann schneiden kann.

Pinnwand-Timeline

Eine einfachere Visualisierung, die ich für einen Workshop einmal aus der Idee der Timeline entwickelt habe und die sich für grafisch nicht so interessierte Teilnehmer eignet, ist eine Timeline auf Pinnwandpapier (ca. 4–5 Pinnwandpapiere nebeneinander geklebt). Man beginnt mit der Beschreibung des Wunders am Ende der Timeline. Hier kann jeder die wichtigsten Elemente seines oder ihres Wunders mit Marker auf Haftnotizen schreiben und dann an das Ende der Pinnwand kleben. In der Moderation dieses Schrittes sollte man darauf achten, dass die Frage auf konkrete Anzeichen des Wunders zielt: »Woran merken Sie, dass ein Wunder passiert ist?« Bei einer größeren Gruppe ist es auch möglich, unterschiedliche Perspektiven zu verteilen. Ein Teil der Gruppe beschreibt so zum Beispiel, woran es die Kunden merken, dass das Wunder passiert ist, und ein anderer Teil der Gruppe beschreibt, woran das Topmanagement merkt. Die unterschiedlichen Perspektiven können in der Visualisierung durch verschiedene Farben der Haftnotizen ausgedrückt werden. Nachdem das Wunder auf das Ende der Timeline geklebt wurde, kann man wie beim Storyboard zurückarbeiten. An der Timeline ist besonders schön, dass man ein oder zwei Pinnwandpapiere für die Vergangenheit reservieren kann. Die Gruppe kann dann Ereignisse in der Vergangenheit auf der Timeline notieren, die schon ein bisschen waren wie nach dem Wunder und die ihnen die Zuversicht geben, dass ein Schritt in Richtung Wunder für das Team möglich ist.

Fiktive Sitzung

Eine kürzere Moderationsmethode ist die fiktive Sitzung in der Zukunft. Das Team stellt sich vor, das Wunder wäre geschehen, und kommt zu einer Sitzung zusammen. Entweder jeder spielt sich selbst in der Zukunft und spricht darüber, was er oder sie an der neuen Situation schätzt, oder die Teilnehmer nehmen die Rollen von wichtigen Stakeholdern ein und unterhalten sich über die wundervolle Entwicklung des Teams. Letztere Variante ist besonders für Strategieentwicklungsprozesse sehr nützlich. Hier sollte man auch darauf achten, dass es realistische Antworten sind. Bei der fiktiven Sitzung ist die Visualisierung etwas schwierig – man kann die Sitzung mit Video oder Audio aufnehmen und danach visualisieren oder zusammenfassen, aber das ist ziemlich viel Arbeit und man kann nicht direkt mit den Ergebnissen weiter arbeiten. Eine weitere Möglichkeit ist, von einem Assistenten die wichtigsten Punkte auf einem Flipchart oder auf Haftnotizen mit notieren zu lassen. Ich habe auch schon einfach mit meinen Computer die wichtigsten Beiträge mitgeschrieben und dann mit der Gruppe gemeinsam am Beamer sortiert.

Spaziergang

Eine sehr einfache Variante die Wunderfrage zu moderieren ist es, die Teilnehmer zu zweit oder zu dritt auf einen Spaziergang zu schicken. Die Bewegung ist meist sehr willkommen und regt auch häufig zu freieren Gedanken an, als wenn man im Seminarraum sitzt. Zur Visualisierung kann man wieder Moderationskärtchen oder Haftnotizen und Marker mitgeben. Man kann aber auch einfach nach dem Spaziergang gemeinsam an einem Flipchart den Morgen nach dem Wunder beschreiben.

Kleine Schritte

Dass aus einem Teamcoaching oder einem wie auch immer gearteten Workshop konkrete Aktionen und Handlungsschritte folgen, ist für viele unserer Auftraggeber ein Zeichen von Qualität. In der lösungsfokussierten Therapie überlässt der Therapeut oder die Therapeutin dem Klienten oder der Klientin die Wahl der Schritte. Dies ist selbstverständlich auch im lösungsfokussierten

Teamcoaching nicht anders. Das Team wählt selbst die geeigneten Schritte, die es in Richtung Ziel führen werden. Der Moderator oder die Moderatorin ist besonders in seiner/ihrer Rolle, Entscheidungen des Teams herbeizuführen und zu dokumentieren, gefragt. Hier besteht ein kleiner gradueller Unterschied zur lösungsfokussierten Therapie oder zum lösungsfokussierten Einzelcoaching. Im Einzelcoaching würden wir nicht unbedingt mit- oder aufschreiben, welche Schritte die Klientin oder der Klient zu unternehmen gedenkt. Wir würden, um die Selbststeuerung der Klienten zu unterstützen, dies der Klientin oder dem Klienten überlassen. Auch im Teamcoaching entscheidet das Team, was zu tun ist und wie die entstandenen Listen nachverfolgt werden, aber allein dadurch, dass man die »To-dos« visualisiert, entwickeln sie schon etwas mehr »Zug« als im Einzelcoaching.

Dass aus einem Teamcoaching konkrete Aktionen und Handlungsschritte folgen, ist für viele unserer Auftraggeber ein Zeichen von Qualität.

Entscheidungen treffen

Wenn sich das Team zum Schluss für »To-Dos« entscheidet, ist es hilfreich, als Moderator oder Moderatorin darauf zu achten, dass diejenigen, denen Aufgaben zugeteilt werden, auch damit einverstanden sind und dass auch der/die Vorgesetzte zustimmt. Es muss vorher gut geklärt sein, was im Rahmen des Teamcoachingprozesses von wem entschieden werden darf (mehr dazu siehe »Auftragsklärung«). Wenn es nicht klar ist, ob eine mögliche Entscheidung in die Kompetenzen der Anwesenden fällt, sollte man lieber auf der Seite der Vorsicht bleiben und nachfragen oder dem Team die Aufgabe geben, nachzufragen. Es kann sonst sehr frustrierend sein, wenn das Team Maßnahmen beschließt, die dann alle aus übergeordneten Gründen nicht durchgeführt werden können. Das Gleiche gilt, wenn es um die Verwendung von Ressourcen für die beschlossenen Maßnahmen geht: Diejenigen, die über diese Ressourcen verfügen, müssen zustimmen. So kann das Team sich z. B. noch so sehr die

Es muss vorher gut geklärt sein, was im Rahmen des Teamcoaching Prozesses von wem entschieden werden darf.

Einstellung einer Praktikantin wünschen und Schritte dahingehend planen – wenn es einen unternehmensweiten Einstellungsstopp gibt, wird das nichts nutzen. Genauso verhält es sich mit Dienstreisen oder Projekten, die Arbeitszeit im eigenen und in fremden Teams binden.

Priorisieren

Bei sehr kreativen Teams kann es vorkommen, dass eine Unzahl von möglichen Aktionen genannt wird. Natürlich ist auch hier jeder Vorschlag als Idee willkommen. Aber man kann eben nicht alles umsetzen, was vorgeschlagen wird. Hier muss der Moderator mit dem Team gemeinsam priorisieren. Wir verwenden hierbei traditionelle Priorisierungswerkzeuge, obwohl wir uns natürlich darüber klar sind, dass nicht berechenbar ist, welche Aktion nun zum größten Erfolg führen wird. Man muss sich aber irgendwie darauf einigen, was man als Erstes probiert. Am besten ist es, man überlässt die Wahl der Priorisierungsmethode der Gruppe – man muss sie dafür nur kurz und knackig darstellen können.

Eisenhower-Matrix

Man malt ein Koordinatenkreuz mit wichtig – nicht wichtig und dringlich – nicht dringlich und sortiert die Vorschläge der Gruppe gemeinsam mit der Gruppe in diese Matrix. Hier ist die Visualisierung auf einer Pinnwand mit Moderationskärtchen praktisch.

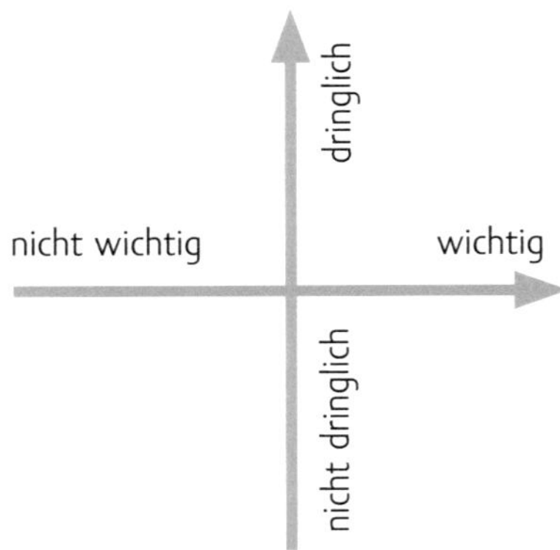

Kurzfristig – langfristig

Man kann die Vorschläge auch danach sortieren, ob sie schnell umzusetzen sind und kurzfristigen Erfolg versprechen (Quick Wins) oder längere Zeit in Anspruch nehmen, aber dafür eine größere Hebelwirkung entfalten (Leverage).

Abstimmung

Eine schnelle Möglichkeit, sich für die ersten Schritte zu entscheiden ist, die Gruppe abstimmen zu lassen. Um zu verhindern, dass jemand sich mit dem Ergebnis nicht identifizieren kann, weil keiner seiner oder ihrer Vorschläge eine Stimme erhält, kann es nützlich sein, jedem Teammitglied mehr als eine Stimme pro Vorschlag zu geben. Die Visualisierung kann dann z. B. mit Klebepunkten geschehen.

Einzelaufträge

Wenn es eher darum geht, dass jeder Einzelne etwas zum neuen Teamerfolg beitragen kann (z. B. bei Themen wie mehr Wertschätzung im Miteinander), kann man auch jedes Teammitglied bitten, selbst für sich zu sagen, was er oder sie in Zukunft »anfangen« oder »mehr oder weitermachen« möchte. (Auf die Nennung von Dingen, mit denen die Teammitglieder aufhören möchten, verzichten wir in der lösungsfokussierten Beratung – es geht hier nicht darum, was man nicht mehr tun möchte, sondern darum, was man man stattdessen tut.) Die Teammitglieder können ihre Aktionen entweder auf ein Flipchart schreiben oder die Moderatorin oder der Moderator erledigt es für sie. Auch hier ist eine Visualisierung mit Moderationskärtchen denkbar – diese haben dann den Vorteil, dass sie mit nach Hause genommen werden können.

Peter Szabos Umsetzungsinterviews

Peter Szabo demonstrierte auf der SOLworld Konferenz 2012 in Oxford eine schöne Methode, die dazu beiträgt, dass Menschen tatsächlich das umsetzen, was sie sich vorgenommen haben. Diese Methode eignet sich vor allen Dingen dann, wenn die Umsetzung aus Punkten besteht, von denen man weiß, dass man sie eigentlich tun sollte, aber eben manchmal trotzdem unterlässt.

Zunächst beantwortet jeder einzeln auf je einem Blatt Papier zwei Fragen:

> Frage 1: Was möchten Sie in der nächsten Zeit umsetzen?
>
> Frage 2: Welche Geschichte können Sie erzählen, die davon berichtet, wie es Ihnen schon einmal gelungen ist, etwas umzusetzen oder anzufangen, was vielleicht nicht ganz einfach war?

Dann teilt sich die Gruppe in Paare und erzählt in der ersten Runde dem Partner jeweils die Erfolgsgeschichte. Das, was man sich vorgenommen hat, bleibt zunächst unerwähnt. Die Paare erzählen sich aber am Schluss des Geschichtentauschens, was für die an der Geschichte des anderen hilfreich oder inspirierend war.

Im nächsten Schritt sucht sich jeder einen neuen Partner. Einer der beiden berichtet zunächst, was sein Vorhaben ist. Daraufhin antwortet der andere: »Ich weiß nicht, ob das irgendetwas mit deinem Vorhaben zu tun hat, aber ich habe da eine Geschichte für dich.«

Daraufhin erzählt er die Erfolgsgeschichte, die ihm sein Partner aus der vorherigen Runde erzählt hat. Falls ihm jemand in der Gruppe bekannt ist, der eine ähnliche Geschichte hat oder andere Tipps, die bei der Umsetzung helfen können, benennt der Partner auch die Personen, mit denen der andere am besten einmal reden soll.

Dann ist der andere Partner dran.

Zum Schluss tauschen sich beide noch darüber aus, was sie aus diesen Gesprächen gelernt haben und wie es sie unterstützt, das Vorgenommene tatsächlich umzusetzen.

Zuversicht, Nutzen und wertschätzende Rückmeldungen

Ein weiteres wichtiges Element im lösungsfokussierten Teamcoaching ist die Frage an die Teilnehmer, wie zuversichtlich sie sind, dass die beschlossenen Maßnahmen beziehungsweise das Ergebnis des Teamcoachingprozesses zu einer Verbesserung führen wird. Gerade bei dieser Frage haben wir schon interessante Überraschungen erlebt. Im lösungsfokussierten Coaching gehen wir nicht davon aus, dass es Teilnehmer gibt, die eine »hidden agenda« – ein verborgenes Individualziel – haben. Wir wissen natürlich, dass es dies gibt, aber wir schenken dem keine Aufmerksamkeit und versuchen so einen Rahmen zu gestalten, in dem auf respektvolle Weise alles geäußert werden kann, was zur Verbesserung der Situation dient. Dazu gehört auch, dass wir im Workshop, wenn wir bemerken, dass ein Teilnehmer sich nicht beteiligt oder komisch guckt, diesen fragen, was wir tun können, damit er sich mehr beteiligen kann. Leider gibt es Gruppen, die schon mehrere Entwicklungs- oder Coachingprozesse durchlaufen haben, die ihnen nichts gebracht haben. Ihre Zuversicht, dass sich durch einen solchen Prozess etwas ändern kann, ist dementsprechend und verständlicherweise sehr gering. Sie wissen, dass sie mitmachen müssen, um nicht negativ aufzufallen, glauben aber nicht wirklich daran, dass sich etwas ändert. Solche Gruppen entweder am Anfang oder auch zum Schluss des Workshops danach zu befragen, wie zuversichtlich sie sind, dass sich etwas ändert, ist sehr hilfreich. Angenommenen, die Antwort ist »Nicht sehr zuversichtlich«, dann gehen wir mit der Antwort um wie mit einer Skalierungsfrage. Wir fragen zunächst, was denn wenigstens ein bisschen Zuversicht gibt, um dann weiterzufragen, was passieren müsste, damit die Zuversicht ein bisschen steigt.

Beispiel 10: **Das nutzlose Präsentationscoaching**

Wir waren von einem großen Automobilzulieferer angefragt worden, für einige wichtige Mitarbeiter ein Präsentationscoaching anzubieten. Die Teilnehmer waren technische Mitarbeiter, mittleres Management – alles Menschen zwischen 30 und 40, motiviert und freundlich. Wir hatten das Gefühl, dass das Coaching gut lief und dass alle in ihrer Präsentationstechnik große Fortschritte gemacht hatten. Voller Elan und im Grunde nur pro forma fragten wir am Ende des ersten Tages, wie die

Im lösungsfokussierten Coaching gehen wir nicht davon aus, dass es Teilnehmer gibt, die eine »hidden agenda« – ein verborgenes Individualziel – haben.

Teilnehmer den Nutzen dieses Coachings sehen. Sie können sich unsere Überraschung vorstellen, als wir hörten, dies sei zwar alles schön und gut, aber wirklich nutzen würde es im Alltagsgeschäft nichts. Auch auf Nachfrage, was denn wenigstens ein bisschen nützlich war, kam keine Antwort. Wir schauten ein wenig enttäuscht aus der Wäsche, was die Teilnehmer natürlich merkten. Sie betonten, es läge nicht an uns, sondern schlicht daran, dass die Präsentationen, die sie halten, auf einem ganz anderen Verfahren beruhen. Sie dürften nur eine Folie verwenden – den sogenannte »One-Pager« –, auf dem alle Informationen vorhanden sein müssen. Zudem fänden die meisten Präsentationen entweder über das Telefon oder in Besprechungsräumen, wo alle Teilnehmer an Tischen säßen, statt. Unsere wundervollen Übungen zur Strukturierung und Gestaltung von Präsentationsfolien, zu Auftritt und Körpersprache seien zwar interessant, aber im Unternehmen nicht anzuwenden. Wir merkten, dass wir in der Auftragsklärung mit der Personalabteilung und auch mit der Gruppe hätten gründlicher sein müssen: Wir dachten, dass wir schon wissen, was mit einer Präsentation gemeint ist – und das ist eigentlich immer ein Fehler. Hätten wir uns doch im lösungsfokussierten Nicht-Wissen geübt. Da wir glücklicherweise die Frage nach der Zuversicht beziehungsweise nach dem Nutzen in der Mitte des Coachings gestellt hatten, blieb uns noch der nächste Tag, an dem wir dann mit den »One-Pagern« und der von den Teilnehmern beschriebenen Präsentationssituation arbeiten konnten.

Zuversichtsskala

Eine einfache Moderationsmöglichkeit, um herauszufinden, was die Gruppe zuversichtlich macht und was sie noch zuversichtlicher machen könnte, ist die auch schon aus dem Einzelcoaching bekannte Zuversichtsskala. Sie funktioniert genauso wie unter »Skalierung« beschrieben und kann auch genauso moderiert werden. Wenn man die Zuversicht am Ende eines Workshops skalieren lässt, hat man meist nicht so viel Zeit, sodass sich hier eine einfache Plenumsrunde anbietet. Je länger man noch nach der Skalierung Zeit hat, desto länger können auch die Moderationen für die Zuversichtsskala dauern, weil man mit den Antworten danach auch noch weiterarbeiten kann.

Zuversichtsschneeballschlacht

Ein lösungsfokussierter Kollege beschrieb diese Variante auf Facebook. Er war mit der Gruppe am Ende des Teamcoachingprozesses angelangt und es waren viele nützliche Veränderungen erreicht worden. Der letzte Workshop fand in einem kalten, schneereichen Winter statt. Der Kollege bat die Gruppe, alles, was sie zuversichtlich machte, dass der erreichte Fortschritt beibehalten beziehungsweise noch ausgebaut werden kann, auf weißes DIN-A4-Papier zu schreiben, einen Kommentar pro Blatt. Die Teilnehmer knüllten die Papiere zusammen und veranstalteten eine lustige Schneeballschlacht. Zum Schluss sammelte jeder die Schneebälle ein und las die Kommentare vor.

Positive Paranoia

Ben Furman und Tapani Ahola prägten den Begriff »Positive Paranoia« für dieses Zuversicht und Hoffnung generierende Experiment. Der Hintergrund ist der, dass man in Teams oder auch anderen Gruppen gerne auf das fokussiert, was nicht funktioniert, und all das, was positiv in die gewünschte Richtung geht, nicht beachtet. Sie arbeiten mit einer Gruppe soweit, dass das gewünschte Ziel klar und wohl formuliert ist, das Hoffnung besteht und erste Schritte bekannt sind. Anstelle eines großen »Nachverfolgungsplans«, der immer das Risiko hat, dass jemand Dinge nicht tut, die er zugesagt hat und damit die Aufmerksamkeit wieder auf das gerichtet wird, was nicht funktioniert, erhält die Gruppe die Aufgabe, genau zu beobachten, was in die gewünschte Richtung passiert. Immer wenn ein Teammitglied bemerkt, dass jemand eine Aufgabe erledigt oder sich in einer gewünschten Weise verhält, legt es heimlich ein Zeichen (z. B. eine kleine Blume, einen Stein etc.) auf den Schreibtisch desjenigen, der sich so verhalten hat. Diese Aufgabe klingt etwas albern und erinnert an die Bonussternchen, die man in der Grundschule unter Fleißarbeiten geklebt bekommen

Immer wenn ein Teammitglied bemerkt, dass jemand eine Aufgabe erledigt oder sich in einer gewünschten Weise verhält, legt es heimlich ein Zeichen (z.B. eine kleine Blume, einen Stein etc.) auf den Schreibtisch desjenigen, der sich so verhalten hat.

hat – das Wichtige ist hier, dass die Aufmerksamkeit auf das gerichtet wird, was funktioniert, wie auch immer man das hinbekommt. Es lohnt sich, sich darüber Gedanken zu machen, dass dies ein der Teamkultur adäquates Mittel sein kann, diese Beobachtungsrichtung zu etablieren.

Ressourcentratsch der Berater

Wenn man mit mehreren Beratern mit einem Team arbeitet, ist der Ressourcentratsch eine gute Möglichkeit, dem Team eine wertschätzende Rückmeldung zu geben und so dessen Zuversicht erhöhen, dass jeder und jede Einzelne etwas verbessern kann. Beim Ressourcentratsch sprechen die Berater miteinander darüber, was sie beobachtet haben, das sie zuversichtlich macht, dass das Team sein Ziel erreichen wird. Sie tun so, als sei das Team dabei nicht anwesend, aber es hört natürlich zu. Auch in Telefonkonferenzen kann man auf diese Weise einer Organisation oder einem Team Zuversicht in mögliche Veränderungen geben.

Arbeitsatmosphäre / Nutzen

Der empfundene Nutzen eines Teamcoachingprozesses und die Zuversicht, dass sich dieser für das Team positiv auswirken wird, hängen eng zusammen. Wir fragen deswegen gerne lange vor Ende des Prozesses nach, für wie nützlich das Team das, was bislang geschehen ist, erachtet. Auf der einen Seite hilft uns das, im Prozess möglicherweise noch zu korrigieren, und auf der anderen Seite fühlt sich das Team in seiner Selbststeuerung gestärkt und ernst genommen. Meist schreiben wir ein Flipchart mit einem Koordinatensystem. Auf der einen Achse tragen wir »Nutzen« auf und auf der anderen »Arbeitsatmosphäre«. Die Teilnehmer können dann anonym dort ein Kreuzchen machen, wo sie den Prozess zurzeit sehen. Mit den Fragestellungen, was schon nützlich war, und was an der Arbeitsatmosphäre schon gut war, achten wir besonders darauf, dass nicht nur Komplimente an uns als Moderatoren verteilt werden, sondern dass das Team auch bemerkt, was es selbst für den Nutzen und für die Arbeitsatmosphäre beigetragen hat. Natürlich fragen wir danach auch, was noch besser werden kann.

Weitere Formate für Workshops

Reflecting Team

Das Solution Focused Reflecting Team ist ein Format zur kollegialen Fallberatung. Es geht auf Tom Andersen (1991) zurück und wurde von Harry Norman weiterentwickelt. Es ähnelt anderen Formen kollegialer Fallberatung, verzichtet aber anders als viele auf Hypothesenbildung oder das Ansprechen von »Resonanzen« oder eigenen mit dem Anliegen verbundenen Themen. Es geht schlicht darum, dass demjenigen, der einen Fall oder ein Thema einbringt, nach der Beratung geholfen ist.

Das »Reflecting Team« Format wird in einer Gruppe von vier bis zwölf Personen durchgeführt. Es gibt einen Moderator, einen Zeitnehmer (bei wenigen Personen kann eine Person beide Rollen einnehmen) und eine Person, die ein Anliegen oder ein Thema hat. Die anderen Teilnehmer beraten die Person mit dem Anliegen.

Das Reflecting Team, wie wir es durchführen, hat folgende Struktur:

1) Zunächst sitzen alle Personen im Kreis. Der »Fallspender« oder die »Fallspenderin« – die Person mit dem Anliegen – schildert sein oder ihr Beratungsziel. Der Moderator oder die Moderatorin stellt lösungsfokussierte Fragen zur Klärung des Anliegens: »Was soll nach der Beratung anders sein als vorher?«, »Auf einer Skala von 1 bis 10, wo stehen Sie jetzt?«, »Was haben Sie alles schon probiert, das ein bisschen funktioniert hat?« etc. – solange, bis das Ziel der Beratung klar scheint (ca. vier bis fünf Minuten).

2) Die Teilnehmenden stellen Klärungsfragen zum Anliegen. Hier ist es wichtig, dass der Moderator oder die Moderatorin sanft darauf achtet, dass die Klärungsfragen keine heimlichen Vorschläge enthalten. »Warum haben Sie eigentlich noch nicht daran gedacht …« ist keine Klärungsfrage (ca. vier bis fünf Minuten).

3) Der »Fallspender« oder die »Fallspenderin« dreht sich mit dem

Rücken zur Gruppe – er oder sie soll nicht mit der Gruppe interagieren können, auch nicht körpersprachlich. Nacheinander gibt jeder in der Gruppe ein wertschätzendes Statement zu bisherigen Lösungsversuchen oder zu allem, was zuversichtlich macht, dass der Fallspender oder die Fallspenderin sein oder ihr Ziel erreichen wird, ab. Diese Phase dient dazu, dass der Fallspender oder die Fallspenderin wirklich gut auf die Vorschläge und Ideen hören kann, die danach kommen und dass der Fallspender oder die Fallspenderin auch selbst zuversichtlich wird, dass sein oder ihr Anliegen gelöst werden kann (ca. vier bis fünf Minuten).

4) Die Gruppe gibt nun einzeln Ideen, Vorschläge, Weiterentwicklungen, eigene Erfahrungen an den Fallspender oder die Fallspenderin, der oder die immer noch mit dem Rücken zur Gruppe sitzt, weiter. Dies kann wild durcheinander passieren, der Reihe nach oder auch so, dass alle zunächst auf einem Zettel Ideen notieren und sie dann erst aussprechen (das führt zu mehr unterschiedlichen Ideen). Der Fallspender oder die Fallspenderin notiert alles, was ihm oder ihr nützlich erscheint (ca. zehn Minuten).

5) Wenn gewünscht kann sich der Fallspender oder die Fallspenderin nun wieder umdrehen und der Gruppe mitteilen, was für ihn oder sie nützlich war, auf welche Gedanken er oder sie gebracht wurde, und sich bei der Gruppe bedanken (ca. zwei Minuten).

Man kann auch die Phase 4 zweiteilen und in einem Zwischenschritt noch einmal den Fallspender oder die Fallspenderin fragen, ob die Ideen in die richtige Richtung gehen oder ob sich in der Zwischenzeit vielleicht ein neues Anliegen entwickelt hat. Der Fallspender oder die Fallspenderin kann hier noch einmal konkretisieren, welche Ideen er oder sie weiterverfolgen möchte.

Tetralemma

Eine interessante Möglichkeit, mit Teams zu arbeiten, die vor einer Entscheidungssituation stehen, ist das von Insa Sparrer und Matthias Varga von

Kibéd entwickelte Tetralemma (Varga von Kibéd, M. & Sparrer, I.: 2005). Es kommt aus der indischen Logik und hat den Fokus, dass ein wahrgenommenes Dilemma mit zwei extremen Polen (ein Projekt übernehmen – es nicht übernehmen) sich auflöst und mehrere Möglichkeiten entstehen. Hier ist unsere Variante, wie wir damit arbeiten:

Es werden fünf unterschiedliche Positionen aufgestellt:

1. Das eine
2. Das andere
3. Beides
4. Keines von beiden
5. All dies nicht und selbst das nicht

Man kann mit dem Team jede Ecke des Raumes einer Position zuweisen – durch Flipchart an der Wand, Bodenanker oder andere Markierungen. Man geht zunächst in die erste Ecke und beschreibt genau, warum das Projekt unbedingt übernommen werden muss (das eine), welche Vorteile es hat und wer alles profitieren würde. Danach gehen alle in die gegenüberliegende Ecke und beschreiben das andere: warum man dieses Projekt auf keinen Fall übernehmen sollte, welche Nachteile es hat, für wen das besser wäre. Auf der dritten Position in einer wieder anderen Ecke nehmen die Teammitglieder die Ecken »das eine« und »das andere« in den Blick und überlegen, was »beides« bedeuten könnte – hier z. B. das, was den Teammitgliedern übergeordnet wichtig ist: vor den anderen Abteilungen gut dastehen und die täglichen Prioritäten professionell zu bearbeiten. Auf der vierten Position »keines von beiden« können die anderen drei Positionen betrachtet werden. Das Team könnte zum Beispiel überlegen, welche Alternativen es gibt, die das, was auf der Position »beides« erarbeitet wurde, auch ermöglichen würden: ein anderes Projekt übernehmen, in einem Blogpost im Firmenblog die Erfolge des Teams darstellen usw. Die fünfte Position ist keine Position im Raum, sondern man läuft gemeinsam herum und reflektiert, was dies alles vielleicht auch noch bedeuten könnte – hier entstehen oft interessante Gespräche und Einsichten, die weit über das aktuelle Problem hinausgehen.

Wenn kein Raum zur Verfügung steht, kann man das Ganze auch auf einem Flipchart aufmalen, mit Spielzeugfiguren spielen oder vier Stühle aufstellen und auf jeden Stuhl einen Repräsentanten für die jeweilige Position setzen. Das fünfte Element steht und kann herumlaufen. Die Repräsentanten auf den jeweiligen Stühlen unterhalten sich aus ihrer Position heraus, und der Rest des Teams hört zu. Das Team fasst zum Schluss zusammen und benennt, welches die wichtigsten und interessantesten Erkenntnisse aus der entstandenen Diskussion sind.

Andere Teamcoachingübungen lösungsfokussiert gestalten

Die meisten traditionellen Teamcoachingübungen lassen sich mit einigen Tricks und Kniffen (die wir weiter unten beschreiben) in effektive lösungsfokussierte Interventionen verwandeln. Hin und wieder sind uns jedoch Übungen begegnet, deren Hintergrund sich so stark vom lösungsfokussierten Gedankengut unterscheidet, dass sie sich beim besten Willen nicht umarbeiten lassen. Im Folgenden möchten wir zunächst die Sorten von Übungen beschreiben, bei der selbst ein Wunder in der Nacht wenig Wirkung zeigen würde.

Was eignet sich nicht?

Lösungsfokussiertes Vorgehen ist immer ressourcenorientiert. Es geht darum Teilnehmern Stärken und Möglichkeiten aufzuzeigen, von denen sie nicht (mehr) wussten, dass sie über sie verfügen. Nach einer lösungsfokussierten Aufgabe ist der Teilnehmer oder die Teilnehmerin positiv von sich überrascht – sei es inhaltlich oder durch die Leichtigkeit des Lernens. Die gute Arbeitsbeziehung zwischen Trainer oder Trainerin und Teilnehmern ergibt sich hauptsächlich aus dieser Dynamik.
In manchen älteren Trainingskonzepten finden sich noch Übungen, bei denen den Teilnehmern zunächst Inkompetenz nachgewiesen wird, vorgeblich um deren Motivation, doch noch etwas dazuzulernen, zu erhöhen. In einer Weiterbildung für Teamtrainer, an der wir einmal teilnahmen, bestimmte der Trainer z. B. die Regel, dass von nun an alle Entscheidungen der Gruppe mit 100% Konsens getroffen werden müssen, um nachzuweisen, dass das schwierig und unmöglich ist. Die Gruppe verhedderte sich erwartungsgemäß in frustrierenden Diskussionen und konnte sich noch nicht einmal auf eine

Pausenregelung einigen. Danach erläuterte der Referent die Gründe dieser Schwierigkeiten. Da den meisten Teilnehmern eine solche Situation schon vorher bekannt war, wusste man nach der Übung nicht wirklich mehr als vorher. Der Frustrationslevel war immens gestiegen und die Beziehung zum Trainer war für einige Teilnehmende stark gestört. Der Vorteil solcher Nachweise von Inkompetenz ist die Klarheit, die für Teilnehmende und Berater durch sie entsteht – wir glauben aber, dass sich diese Klarheit auch leichter erreichen lässt, ohne die Arbeitsatmosphäre und damit die Lernbereitschaft der Teilnehmer in solchem Ausmaß zu stören.

Die meisten traditionellen Teamcoachingübungen lassen sich mit einigen Tricks und Kniffen (die wir weiter unten beschreiben) in effektive lösungsfokussierte Interventionen verwandeln.

Ein großer Vorteil von lösungsfokussiertem Vorgehen ist der schnelle Aufbau einer guten Arbeitsbeziehung zwischen Trainer oder Trainerin, Moderator oder Moderatorin, Coach und den Teilnehmenden, genauso wie der bewusste Aufbau von positiven, unterstützenden Beziehungen der Arbeitsbeziehungen zwischen den Teilnehmern. Übungen, die diese Arbeitsbeziehung gefährden, lassen sich schwer lösungsfokussiert umkrempeln. Alle Übungen, die Konflikte produzieren oder Teilnehmende bloßstellen sollen, fallen in diese Kategorie.

In einem Teamtraining erschien z. B. ein Teilnehmer regelmäßig zu spät nach den Pausen. Die anderen Teilnehmenden tolerierten dies – erst als der Trainer das Phänomen ansprach, kam heraus, dass der Teilnehmer vom Trainer zu diesem Verhalten instruiert worden war, um die Dynamik von Verspätungen aufzuzeigen. Das Ziel solcher Übungen ist es oft, aufzuzeigen, was im Team »wirklich« los ist. Es soll dem Problem auf den Grund gegangen werden und die Sache soll schonungslos ein für alle Male bereinigt werden. Es wird eine klare Kausalität zwischen »dem Problem« (oder dem problematischen Mitarbeiter) und der zu findenden Lösung behauptet (die in der Beseitigung des Problems besteht). In lösungsfokussierten Vorgehen würde das Ziel einer Teamintervention anders erfragt: durch Wunderfrage, Ausnahmen vom Problem, Ressourcen des Teams und Definition kleiner Schritte in Richtung des Ziels.

Ähnliche Überlegungen liegen auch Teamdiagnoseinstrumenten oder auch Persönlichkeitsdiagnostik oder -typologisierung für das Individual- oder Teamcoaching zugrunde. Das Team soll sich entwickeln, oder es besteht eine Problematik, und der Teamcoach oder Trainer sucht zunächst (mehr oder weniger wissenschaftlich) nach der Ursache: Alle Teammitglieder füllen einen Fragebogen zur Persönlichkeitstypologisierung wie z.B. das DISC-Profil aus, nutzen das Myers-Briggs-Typenindikator-Instrument, ordnen sich und einander Teamrollen zu, und aus den Ergebnissen wird dann gefolgert, wo das eigentliche Problem des Teams zu finden ist und wie es z.B. durch Hinzunahme eines weiteren Teammitglieds mit den fehlenden Eigenschaften gelöst werden kann. Besonders problematisch für ein lösungsfokussiertes Weitergehen wird es, wenn es sich bei den eingesetzten Instrumenten nicht um Typologisierungen (wie DISC oder Myers-Briggs), sondern um die Festlegung von statischen Persönlichkeitseigenschaften handelt. Grundlegend für lösungsfokussiertes Vorgehen ist die Annahme, dass Veränderungen ständig geschehen – wir können also eher schlecht mit Instrumenten arbeiten, die eine unveränderbare Persönlichkeit behaupten.

Mit Persönlichkeitstypologisierung zu arbeiten ist zwar vielleicht ein Umweg (über die Ursache des Problems), man kann im Anschluss lösungsfokussiert weiterarbeiten. Fragen wie »Welche Vorteile und Ressourcen Ihres Teams zeigt Ihnen das Typologisierungsinstrument?«, »Wo zeigen sich diese Ressourcen?«, »Wenn X in Ihrem Team fehlt – wie sind Sie bislang damit produktiv umgegangen?«, »Auf einer Skala von 1 bis 10, wo stehen Sie in Bezug auf ...« liefern auf diese Weise gute Gesprächsanlässe für ein Team- oder Individualcoaching.

Manche Typologisierungen wie z.B. das Integrale Coaching oder Spiral Dynamics (Ken Wilber) ordnen Klienten einer Entwicklungsstufe zu. Es gibt einen global vorgezeichneten Entwicklungsweg, einen Heilsplan, und der Entwicklungsweg des Klienten (oder des Teams) ist damit vorgezeichnet. Auch hier ist eine Umwandlung in lösungsfokussiertes Vorgehen schwierig. Wir arbeiten an den Zielen des Klienten und geben sie ihm oder ihr nicht vor. Man kann zwar lösungsfokussiert anschließen und die Vorlage positiv als Gesprächsanlass nutzen – ein lösungsfokussierter Einsatz solcher Methodologien ist aber schwerlich möglich.

Wenn wir mit Kollegen und Kolleginnen zusammenarbeiten, die für uns mit unserer Sichtweise inkompatible Ansätze vertreten, ist es uns wichtig, die gute Absicht wahrzunehmen und anzuerkennen. Jemand, der Spiral Dynamics vertritt oder Typisierungen als wichtigen Schritt in einem Beratungsprozess anwenden möchte, ist dadurch kein schlechter Berater oder gar Mensch. Er oder sie handelt nur nicht lösungsfokussiert. Gerade in der Zusammenarbeit mit der Personalentwicklungsabteilung haben wir oft erlebt, dass eine fruchtbare Zusammenarbeit auch möglich ist, wenn man aus anderen Ansätzen kommt und die gegenseitigen Sichtweisen akzeptiert und mit Neugierde betrachtet.

Was eignet sich?

Die meisten anderen Übungen und Werkzeuge lassen sich in einen lösungsfokussierten Lern- oder Veränderungsprozess einbauen: Übungen aus der Erlebnispädagogik, Spiele oder Teamübungen zur Anwendung im Seminarraum, strukturierte Gesprächssituationen, Übungen mit Beobachterfeedback oder Coachingtechniken.

Strategien der »Verwandlung«?

Um zu Übungen und Werkzeugen für lösungsfokussiertes Arbeiten zu kommen, gibt es grundsätzlich zwei Wege: Man kann einmal vom lösungsfokussierten Prozess ausgehen und dessen Elemente durch Übungen anreichern, oder man kann Übungen, die man in einem anderen Kontext kennengelernt hat, in eine lösungsfokussierte Übung umwandeln.

Wenn man eine Übung lösungsfokussiert verwandeln möchte, bietet es sich an, auch hier auf die Phasen der Übung zu schauen: Was sollte man bei der Einleitung der Übung, bei der Durchführung und bei der Auswertung jeweils beachten, damit die Übung sich für die Klienten als nützlich erweisen kann?

Einleitung

Neben den allgemeinen Erfolgsfaktoren für die Einleitung von Übungen, wie z. B. dass klar wird, wozu die Übung dienen soll, dass Teilnehmende sich

Man kann einmal vom lösungsfokussierten Prozess ausgehen und dessen Elemente durch Übungen anreichern, oder man kann Übungen, die man in einem anderen Kontext kennengelernt hat, in eine lösungsfokussierte Übung umwandeln.

sicher und überzeugt fühlen, dass sie eine sinnvolle Nutzung ihrer Zeit darstellt und dass die Struktur und der Zeitrahmen der Übung bekannt sind, gibt es noch ein paar Kniffe, die bei lösungsfokussierten Übungen den Fokus der Teilnehmenden auf Ressourcen und Erfolgsfaktoren richten können.

In der Einleitung der Übung kann man entweder die ganze Gruppe oder Einzelne bitten, darauf zu achten, was in der Übung schon gelingt. Hier kann man durch Beobachterbögen oder auch durch Beobachtungsaufgaben gezielt auf einzelne Faktoren fokussieren lassen, um danach aussagekräftiges und positives Feedback zu erhalten – es geht darum, zu identifizieren, was funktioniert, und erst nachrangig darum, zu identifizieren, was nicht funktioniert. »If something works, do more of it – if something doesn't work, do something different.«

Durchführung

Bei der Durchführung der Übung sollte sich jedes Teammitglied sicher sein; keiner sollte in die Gefahr geraten, bloßgestellt zu werden oder sich anderweitig zu blamieren. Als Teamcoach hat man das nicht immer hundertprozentig in der Hand. Manchmal gibt es auch despektierliche Teilnehmer, die sich über andere lustig machen. Hier ist es wichtig die Situation zu deeskalieren. Wenn man es besprechen möchte, sollte man jede Perspektive wertschätzen, aber auch klarmachen, wie man sich anders äußern kann.

Beispiel 11: **Willkommen im Dschungel**

Bei einem Teamcoaching mit einer Gruppe Auszubildender gab es ein Mädchen, das in der Gruppe nicht besonders beliebt schien. Immer wenn sie etwas sagte, rollten zwei der anderen Auszubildenden mit den Augen. In der Übung sollte das Team schnell einen Weg durch ein auf dem Boden aufgezeichnetes Gitter finden. Ich suchte also einen Weg, die Augenroller so zu beschäftigen, dass sie zum Abwerten,

Meckern und Mosern nicht mehr viel Zeit hatten: Sie mussten mit den Schiedsrichtern die Rollen tauschen.

Wir konzentrieren uns auf die entdeckten Fähigkeiten, die Ressourcen, die entstandenen neuen Ideen und »Aha«-Erlebnisse der Teilnehmer.

Auswertung

Bei der Auswertung der Übung ist auch wieder der Fokus entscheidend – wir konzentrieren uns auf die entdeckten Fähigkeiten, die Ressourcen, die entstandenen neuen Ideen und »Aha«-Erlebnisse der Teilnehmer. Das bedeutet auch, dass die Auswertung oder »Lösung« von den Teilnehmern selbst kommt. Wie beim Einzelcoaching, wo man nur weiß, welche Frage man dem Klienten gestellt hat, wenn man die Antwort auf sie gehört hat, kann man auch bei Übungen eigentlich erst nach der Übung sagen, wozu sie tatsächlich nützlich war. Aus diesem Grund bietet es sich an, zunächst einmal mit ganz offenen Fragen wie »Was haben Sie bemerkt?« oder »Wie ist die Übung für Sie abgelaufen?« anzufangen. Wir tun zwar unser Bestes, Übungen zu finden, die wahrscheinlich einen bestimmten Lerneffekt fördern (oder Fragen zu stellen, die den Fokus in eine bestimmte Richtung lenken), aber es sind die Teilnehmer, die uns zunächst einmal sagen müssen, wie sie die Übung empfunden haben.

Im zweiten Schritt sind wertschätzende Fragen nach den Ressourcen, die durch die Übung entdeckt wurden, sehr sinnvoll: »Wer hat was zur Lösung beigetragen?«, »Was sagt die Übung über unsere Stärken aus?«, »Von was möchten wir auch im Alltag mehr?«

Natürlich ist zum Schluss ein Transfer in die Alltagswelt der Teilnehmer wichtig – entweder, indem man dann im Alltag nach den entdeckten Ressourcen sucht: »Wo passiert etwas Ähnliches schon in unserem Alltag?«, oder indem man überlegt, wie man die entdeckten Erfolgsfaktoren in den Alltag übertragen könnten: »Wie können wir das, was wir hier gelernt haben, in einen anderen Kontext übertragen?« Man kann auch mit Skalierungen arbeiten: »In Bezug auf Ihr Thema X, wo auf einer Skala von 1 bis 10 waren Sie bei dieser Übung? Wo sind Sie im Alltag? Woran würden Sie im Alltag merken, dass Sie einen Schritt höher auf der Skala sind?«

Zusammenfassung

Gute Arbeitsbeziehung

- »Ich kleb dir eine«
- »Gemeinsam sind wir stark«

Pre-Session Change

- Flipchartabfrage zum Thema: »Was ist besser?«
- Kleingruppendiskussion zum Thema: »Was ist besser?«
- Zwiebel: »Was ist besser?«
- Einzelarbeit mit Kärtchen: »Was ist besser?«
- Gruppen- oder Partnerarbeit zum Thema:
  »Was ist mir in den letzten Monaten ganz gut gelungen?«

Ziele setzen

- Flipchartabfrage
- Fiktive Abschlussrunde
- Brief aus der Zukunft
- Bild malen

Coping-Fragen

- Plenumsdiskussion
- Partnerarbeit oder Kleingruppenarbeit

Skalieren

- Scaling Walk
- Flipchartabfrage
- Handheben
- Summen

Ausnahmen und Ressourcen

Wunderfrage

- Kleingruppen oder Plenum
- Storyboard
- Rollenspiel in der Zukunft / Video
- Timeline auf der Pinnwand
- Fiktive Sitzung
- Spaziergang

Kleine Schritte

- Entscheidungen treffen
- Priorisieren

Zuversicht, Nutzen und wertschätzende Rückmeldungen

- Zuversichtsskala
- Zuversichtsschneeballschlacht
- Positive Paranoia
- Ressourcentratsch der Berater
- Arbeitsatmosphäre / Nutzen

Teamcoachingprozesse

Ein einfacher Prozess

Jeder Fall ist anders!

»Jeder Fall ist anders«, ist ein wichtiger Grundsatz lösungsfokussierter Beratung. Insofern ist es ein wenig unpassend, Standardprozesse für das Teamcoaching zu beschreiben. Die Vorschläge im Folgenden sollten als Ideen und Anregungen verstanden werden. Am besten, man stellt sich vor, man wäre in einem großen Outdoor-Laden und würde sich für die bevorstehende Expedition ausrüsten. Man überlegt, wo man hinreisen möchte und sieht sich daraufhin im Laden um. Man weiß ungefähr, was man braucht, lässt sich aber durch das Angebot inspirieren.

Der Prozess, den wir am häufigsten verwenden, hat die in der Einleitung schon erwähnte Struktur:

Auftragsklärung

Allgemeines

Für die Auftragsklärung im lösungsfokussierten Teamcoaching kann man die gleichen Fragen verwenden wie bei der Zielsetzung auch. Hier ist eine kurze Zusammenfassung und Wiederholung dessen, was vor dem Auftrag relevant ist:

Die Auftraggeber sollten möglichst genau beschreiben, was nach der Teamcoachingmaßnahme anders sein soll als zuvor. Häufig haben aber die Auftraggeber am Anfang noch kein klares Bild davon, was der Endzustand sein soll. Vielleicht wird dieser ja auch erst mit den Teammitgliedern gemeinsam erarbeitet. Wie schon im Beispiel vom nutzlosen Präsentationscoaching erwähnt, ist es wichtig, dass man als Berater oder Beraterin nicht in die »Sprachfalle« tappt und glaubt, man wisse schon, was der Auftraggeber mit einem bestimmten Begriff meint. Zum Beispiel, wenn »die Motivation erhöht werden soll«, weiß man als Berater oder Beraterin nicht, was genau anders sein soll – man muss nachfragen. Am besten, man lässt sich genau beschreiben, wie eine Verbesserung aussieht und in welchem Kontext sie angewendet wird.

Natürlich kann man einen Teamcoachingauftrag, der vielleicht mehrere Monate dauert, nicht abschließend am Anfang »klären«. Bei längeren Prozessen macht es Sinn, schon gleich am Anfang »Update-Gespräche« oder »Kalibrierungsgespräche« einzuplanen. Kein Plan überlebt die Kollision mit der Wirklichkeit.

Die Grammatik des Teams: Sprache und Stil

Bei der Auswahl von Beratern fragen die Auftraggeber oft nach relevanter Branchenerfahrung. Sie gehen davon aus, dass es nützt, wenn man mit Menschen aus ähnlichen Berufsfeldern schon einmal zusammengearbeitet hat. Für die lösungsfokussierte Beratung sind solche Erfahrungen nicht in diesem Maß relevant. Für uns ist die Kenntnis eines ähnlichen Problems oder einer ähnlichen Gruppe eine zweischneidige Sache: Einerseits ist es nützlich, ungefähr zu wissen, wie sich unsere Teammitglieder ausdrücken und was sie vielleicht meinen, andererseits ist es immer gefährlich, wenn man glaubt, zu wissen, was jemand meint, und sich dadurch vom Fragen abhalten lässt.

Kein Plan überlebt die Kollision mit der Wirklichkeit.

Die Sprache und den Arbeitsstil der Klienten zu kennen, ist auch für das »Standing« des Beraters oder der Beraterin in der Gruppe wichtig. Man könnte sich fragen, wozu der Berater oder die Beraterin ein »Standing« brauchen. Es geht hier wieder um die Zuversicht der Teammitglieder. Jemanden, der keinen der Kompetenzmarker des Teams erfüllt, wird das Team als Berater oder Beraterin nicht anerkennen, nicht ernstnehmen und so auch nicht ernsthaft über die Fragen der Beraterin oder des Beraters nachdenken. Es ist daher interessant zu wissen, welches die Kompetenzmarker des Teams sind: Ein bestimmtes Auftreten, eine bestimmte Sprache,ein bestimmtes Outfit oder was auch immer. Diese Kompetenzmarker kann man dann im Rahmen der eigenen Möglichkeiten, sich glaubwürdig zu fühlen, erfüllen.

Der Kontext – was muss ich wissen?

Anders als systemische Beratung nimmt lösungsfokussierte Beratung nicht an, dass es nötig ist, vor der Beratung Erkenntnisse über das System zu sammeln. Lösungsfokussierte Beratung zielt auf die nützliche Interaktion des Beraters oder der Beraterin mit den handelnden Personen und findet in »Personen-Grammatik« statt. Es geht darum, was wer wie tut oder anders tun möchte, um konkrete Handlungen und Gedanken von Personen. Die Beraterin oder der Berater sieht sich nicht als Beobachterin oder Beobachter und nimmt auch nicht an, dass Erkenntnisse über personenunabhängige Strukturen für eine erfolgreiche Beratung notwendig sind.

Es ist daher auch unwesentlich für den lösungsfokussierten Berater oder die lösungsfokussierte Beraterin, sich über die eigenen Vorstellungen von Organisation bewusst zu werden. Die Reflektion der eigenen Vorerfahrungen mit Systemen wie Familie oder Schule stellt einen wesentlichen Teil systemischer Beratungsausbildungen dar. Das Ziel ist hier die Unabhängigkeit des Beraters von möglicherweise unbewussten Vorannahmen darüber, wie ein System funktionieren kann oder nicht. Da in lösungsfokussierter Beratung die Annahmen des Beraters oder der Beraterin ohnehin irrelevant sind, ist dieser Teil einer Beratungsausbildung nicht nötig. Daraus erklärt sich auch die Kürze vieler Angebote lösungsfokussierter Beratungsausbildungen. Die Tücke (einfach, aber nicht leicht) liegt im Detail: Als lösungsfokussierte Berater wissen wir, dass unsere eigenen Annahmen und Vorstellungen für den Beratungsprozess nicht relevant sind – aber wie kommt man dahin, dass man die eigenen Annahmen vorbeiziehen lassen kann, und worin äußert sich diese Annahmelosigkeit im Gespräch mit Klienten? Für Anfänger im lösungsfokussierten Ansatz ist es nützlich, zunächst so »zu tun als ob«, die eigenen Annahmen wahrzunehmen, sie gehen lassen, wieder die Aufmerksamkeit auf den Klienten richten und Fragen zu Zielen, dem Wunder, den Ressourcen und Ausnahmen oder kleinen Schritten stellen. Aber zurück zur Auftragsklärung, bei der der Verzicht auf eigene Annahmen so wichtig ist.

In lösungsfokussierten Interviews fragte Steve de Shazer am Anfang oft: »So, what do you do with youself the whole day?« – eine recht saloppe Frage nach dem Alltagsleben seiner Klienten. Die Antwort auf diese Frage gibt Hinweise auf Ressourcen und einen Überblick über den Kontext, in dem eine Verbesserung stattfinden soll. Beim lösungsfokussierten Teamcoaching möchten wir aus dem gleichen Grund vor der Beratung ungefähr wissen, was die Leute so den ganzen Tag tun. Wir stellen folgende Fragen (die sich dann merkwürdigerweise gar nicht so sehr von denen unterscheiden, die bei einer systemischen Beratung gestellt würden – es unterscheiden sich hauptsächlich der philosophische Hintergrund und das, was aus der Antwort entnommen wird):

- Wer gehört alles zum Team?
- Wie sind die Leute so? (Alter, Ausbildungsstand, Lust an der Arbeit, Kompetenzmarker)
- Was läuft alles schon gut und soll so bleiben?
- Wer sollte beim Teamcoaching dabei sein? (Diese Frage kann auch später beantwortet werden.)
- Was macht das Team so den ganzen Tag?
- Welche Aufgabe hat das Team im Unternehmen?
- Was ist die Unternehmensstrategie? Mission, Vision? Was ist für das Unternehmen wichtig?
- Was muss das Team im nächsten Jahr unbedingt hinbekommen?
- Welche Schnittstellen hat das Team? (Die Antwort auf diese Frage ist sehr nützlich für spätere Fragen danach, wer woran eine Verbesserung merken würde.)

Es ist uns auch wichtig, etwas über den Entscheidungsrahmen des Teams zu erfahren. Es ist sehr frustrierend, wenn das Team im Teamcoaching nützliche Schritte identifiziert, die dann nicht durchgeführt werden können. Natürlich weiß das Team, ob Dinge, die im Teamcoaching beschlossen werden, auch vom Team selbstverantwortlich umgesetzt werden können. Zumeist fragen wir bei der Aktionsplanung noch einmal nach. Es kann aber auch sehr hilfreich sein, von vorneherein mit Vorgesetzten oder der Personalabteilung zu besprechen, was im Teamcoaching verändert werden darf und wo sich die Grenzen des Entscheidungsrahmens des Teams befinden.

Unterschiedliche Auftraggeber

Anfrage der Personalabteilung

Wir werden meist von der Personalabteilung für ein Teamcoaching angefragt. Die Personalabteilung hat zuvor aus dem Unternehmen erfahren, dass es bei einem Team Verbesserungsmöglichkeiten gibt. Entweder das Team hat sich an die Personalabteilung gewendet oder es ist ein übergeordneter Vorgesetzter, der die Anregung zum Teamcoaching gegeben hat. Manchmal kommt der Wunsch nach einem Teamcoaching auch aus dem Team selbst.

Wenn der Auftrag über die Personalabteilung kommt, so spricht man als Coach im ersten Schritt nicht mit dem direkten Kunden. Die Personalabteilung trifft eine Vorauswahl und spricht vielleicht mit mehreren Beratern, bevor sie eine Empfehlung ausspricht. Sie kennt die Probleme und Aufgaben des Teams und weiß meist, was verbessert werden soll.

Einerseits muss der Auftrag so klar wie möglich werden. Andererseits handelt es sich hierbei auch um ein Akquisegespräch.

In der Auftragsklärung mit der Personalabteilung geht es häufig um zwei Dinge: Einerseits muss der Auftrag so klar wie möglich werden, damit die Berater sich entscheiden können, ob und wie sie diesen Auftrag bearbeiten möchten. Andererseits handelt es sich hierbei auch um ein Akquisegespräch, in welchem die Berater das Unternehmen überzeugen möchten, dass sie die geeigneten Partner für Aufträge dieser Art sind. Unserer Erfahrung nach ist es wichtig, hier auf die Passung zwischen Unternehmen und Beratern zu achten. Wenn ein Unternehmen klare Vorstellungen hat, was in einem Teamcoaching passieren soll, die nicht mit einem lösungsorientierten Vorgehen zu vereinbaren sind, ist es meist besser, den Auftrag mit Hinweis auf die mangelnde Passung abzulehnen.

Beispiel 12: ***Wo bleibt Ihr Feedback?***

Wir waren von einer internationalen Großbank für einen einfachen Teamcoachingprozess angefragt worden. Das Team arbeitete seit drei Jahren zusammen. Seit einem halben Jahr hatte es einen neuen Vorgesetzten. Die Zusammenarbeit funktionierte sehr gut, und man wollte sich zwei Tage gönnen, um diesen guten Anfang zu festigen. Wir dachten, dass dies gut mit lösungsfokussiertem Vorgehen zusammenpasst: Wir würden mit dem Team skalieren, wo sie sich auf einer Skala von 1 bis 10 befinden. Die 10 wäre hier optimale Zusammenarbeit (was auch immer das für das Team bedeutet). Die Personalabteilung hatte gebeten, bei dem Teamcoaching dabei sein zu können. Es handelte sich um eine junge, motivierte und sehr freundliche Mitarbeiterin der Weiterbildungsabteilung. So hatten wir nichts dagegen, dass sie teilnahm, und auch das Team war einverstanden.

Neben Gesprächen darüber, was gut läuft und was vielleicht noch besser laufen kann, hatte sich das Team anregende Teamübungen gewünscht. Solche Übungen lassen sich in ein lösungsfokussiertes Teamcoaching gut integrieren, wenn man danach ein Gespräch darüber führt, welche Stärken sich in der Übung gezeigt haben und wo diese Stärken auch im Alltag des Teams auftauchen. Falls das Team sagt, dass sie im Alltag des Teams nicht auftauchen, kann man fragen, was diese Stärken in diesem Moment ermöglicht hat und was sie auch im Alltag sichtbar werden lassen könnte.

Wir führten eine recht traditionelle Teamübung durch: den Brückenbau. Das Team sollte gemeinsam aus den vorhandenen Moderationsmaterialien eine Brücke bauen, die zwei Wasserflaschen tragen kann.

Das Team war sehr erfolgreich und kreativ in seinem Problemlösungsprozess. In der Nachbesprechung der Übung bemerkten die Teammitglieder, dass sie sehr gut auf unterschiedliche Ideen eingehen können. Die behutsame Führung durch die Teamleitung fanden die Teammitglieder nützlich. Es wurden noch einige Stärken bemerkt, die sichtbar geworden waren. Das Team konnte planen, wie es diese Stärken auch in Zukunft im Alltag einsetzen kann. Alle hatten das Gefühl, dass dies eine nützliche Übung und eine sinnvolle Besprechung war.

Umso überraschter waren wir in der Nachbesprechung mit der teilnehmenden Mitarbeiterin der Personalabteilung darüber, dass sie sehr enttäuscht war, wie diese Übung verlaufen war. Sie kannte diese Übung aus anderen Workshops und erwartete, dass anhand eines genauen Beobachtungsbogens jedem Teammitglied Feedback über seine Rolle, sein Kommunikationsverhalten und mögliche Verbesserungen gegeben wird. Da wir in der lösungsfokussierten Beratung davon ausgehen, dass jede Situation anders ist, schließen wir vom Verhalten in einer Übung nicht auf das Verhalten im Teamalltag. Die Übung zeigt nur, welches Verhalten in der Übung im Rahmen der Möglichkeiten des Teams liegt. Die Übertragung in den Alltag erfordert Überlegungen und Planung. Insofern ist eine solche Übung eher ein Gesprächsanlass, ähnlich einer Frage nach Teamressourcen oder Ausnahmen, als ein diagnostisches Werkzeug.

Erst in der Nachbesprechung fiel uns auf, was wir zuvor mit der Mitarbeiterin der Personalabteilung hätten klären können: Was sind ihre Erwartungen an die Auswertung von Übungen? Welche Methodik im Teamcoaching kennt sie und hat sie als nützlich erlebt?

Neben Fragen nach dem Kontext, wie sie oben schon aufgeführt sind, sind folgende Fragen an die Personalabteilung nützlich:

- Welche Teamcoachingprozesse haben Sie in der letzten Zeit begleitet?
- Was war Ihnen wichtig?
- Was ist Ihnen für diesen Coachingprozess wichtig?

- Was ist Ihnen in der Zusammenarbeit mit externen Beratern wichtig?
- Haben Sie selbst eine Coachingausbildung? Welche? Was hat Ihnen daran gefallen?
- Was möchten Sie über uns wissen?
- Was gibt Ihnen das Gefühl, dass wir die richtigen Berater für dieses Projekt sein können?

Andere interessante Fragen für die Personalabteilung könnten sein:

- Welche Instrumente zum Personalmanagement setzt das Unternehmen ein?
- Gibt es Unternehmenswerte, Kompetenzraster, Führungsleitlinien oder Verhaltensrichtlinien?
- Gibt es regelmäßige Befragungen wie zum Beispiel Umfragen zur Mitarbeiterzufriedenheit?

Die Antworten auf diese Fragen können uns helfen zu verstehen, in welchen Kontext eine Verbesserung für das Team passen sollte. So wäre es zum Beispiel nicht gut, wenn das Team sich entscheidet, etwas zu tun, was im krassen Gegensatz zu den Unternehmensleitlinien steht. Eine interessierte Nachfrage nach den eingesetzten HR-Instrumenten drückt außerdem Wertschätzung für die Arbeit der Personalabteilung aus. Wenn es zum Beispiel regelmäßige Umfragen zur Mitarbeiterzufriedenheit gibt, müsste sich eine Verbesserung in der Zusammenarbeit eines Teams ja auch in diesen Ergebnissen niederschlagen. Das Ergebnis der Arbeit von Beratern und Coaches wie auch der Weiterbildungsabteilung oder der Personalentwicklung ist häufig schwer messbar oder greifbar – auch die Personalabteilung freut sich häufig darüber, wenn der Erfolg von Maßnahmen, die sie eingeleitet hat, sich direkt in Zahlen ausdrückt. So kann man

Das Ergebnis der Arbeit der Personalentwicklung ist häufig schwer messbar oder greifbar – auch die Personalabteilung freut sich häufig darüber, wenn der Erfolg von Maßnahmen, die sie eingeleitet hat, sich direkt in Zahlen ausdrückt.

auch gegenüber der Geschäftsleitung die Sinnhaftigkeit der Investitionen belegen.

Natürlich hat die Personalabteilung auch immer ein Bild von dem Team, das gecoacht werden soll. Die Mitglieder oder die Teamleitung haben mit der Personalabteilung den Bedarf abgesprochen. Deswegen macht es Sinn, auch mit der Personalabteilung zu besprechen, welche genaue Zielsetzung im Teamcoaching verfolgt werden sollen. Dies ersetzt nicht das Gespräch mit dem Team und der Teamleitung darüber, was nach dem Teamcoaching anders sein soll. Fragen für die Personalabteilung in Bezug auf die Zielsetzung könnten sein:

- Angenommen, dieses Teamcoaching ist für das Team und das Unternehmen sehr nützlich, wer würde das merken?
- Woran würden das die einzelnen »Stakeholder« merken?
- Was wäre für das Team anders?
- Was wäre für die Teamleitung anders?
- Wie zuversichtlich sind Sie, dass das Team diese Ziele erreichen kann?
- Was macht Sie zuversichtlich?
- Was schätzen Sie an diesem Team?

Die Personalabteilung kann auch als Partner der Berater fungieren und ihre eigenen Erfahrungen mit Coachingprozessen bei dem zu beratenden Team mitteilen, um sicherzustellen, dass die Methodik des Teamcoachings zum Team passt. Fragen könnten hier sein:

- Hat das Team schon mal ein Coaching oder eine Weiterbildung gehabt?
- Was fand das Team gut? Was fand das Team eher weniger nützlich?
- Wie, vermuten Sie, ist die Einstellung des Teams gegenüber der geplanten Maßnahme?
- Wie ist die Atmosphäre im Team?

Oft gelingt es, wenn man die Personalabteilung als Partner im Boot hat, gemeinsam die besten Voraussetzungen für ein Gelingen des Teamcoachings zu schaffen. Unserer Erfahrung nach ist es viel angenehmer, die Personalabteilung als unterstützenden Partner im Rücken zu haben. So kann man bei auftauchenden Schwierigkeiten gemeinsam nach einer guten Lösung suchen. Die gegenseitige Wertschätzung ermöglicht es, in schwierigen Situationen nicht mit dem Finger auf einander zu zeigen, sondern zu überlegen, wie es zum Wohle aller weitergehen kann. Nichts ist unangenehmer, als wenn die Personalabteilung den Beratern die Schuld in die Schuhe schiebt, wenn etwas nicht funktioniert, die Berater dann wieder der Personalabteilung usw. Ein partnerschaftliches Herangehen an Coaching- oder Weiterbildungsmaßnahmen macht für beide Seiten mehr Sinn. Als lösungsfokussierte Berater verfügen wir über das nötige Know-How, um den Rapport mit unserem Auftraggeber nicht zu verlieren, sondern ihn zu stärken.

Anfrage des Teamleiters

In seltenen Fällen werden wir direkt von der Teamleitung angesprochen. Meistens ist das Gespräch mit der Teamleitung bzw. den Teammitgliedern der zweite Schritt nach der Auftragsklärung bzw. dem Akquisegespräch mit der Personalabteilung. Mit der Teamleitung vor Beginn der Maßnahme zu sprechen, ist für das Gelingen eines Teamcoachingprozesses sehr wichtig. Auch hier kann man einige Fragen zum Kontext stellen, zur Zielsetzung und zur gewünschten Methodik. Die Fragen zum Kontext sind oben schon aufgeführt. Hier sind weitere mögliche Fragen:

- Angenommen der Teamcoachingprozess ist für Sie und Ihr Team sehr nützlich, wer würde eine Veränderung bemerken? Woran?
- Welche dieser Veränderungen wären für Sie besonders wünschenswert oder wichtig?
- Auf einer Skala von 1 bis 10, wobei 10 dafür steht, dass Sie diese einzelnen Ziele erreicht haben, und 1 bedeutet, dass Sie gerade erst am Anfang stehen, wo sehen Sie das Team jetzt? (Hier kann es eine oder mehrere Skalen geben – je nach Zielsetzung des Teams.)
- Was beobachten Sie im Team, das Ihnen sagt, dass Sie schon auf X sind und nicht auf 1?

- Wer würde X+1 merken? Woran?
- Was soll in Ihrem Team auf jeden Fall so bleiben, wie es ist?
- Was schätzen Sie an Ihrem Team?
- Was macht Sie zuversichtlich, dass diese Verbesserungen erreicht werden können?

Meist notieren wir uns die Antworten auf diese Fragen mit. Hierbei kann es praktisch sein, wenn das Gespräch telefonisch stattfindet. So kann man die wichtigen Antworten gleich in ein Dokument eintippen und hat so eine guten Übersicht über den Startpunkt des Prozesses. Die Ergebnisse können auch vor dem Teamcoaching zusammen mit den Ergebnissen von Befragungen anderer wichtiger Mitglieder oder Kontakte des Teams dem Team in einem »Standortbericht« zur Verfügung gestellt werden. Dazu später mehr.

Interviews

Nach der Auftragsklärung mit der Personalabteilung und dem Teamleiter bitten wir meist darum, kurze Interviews mit den Teammitgliedern führen zu dürfen. Diese Interviews dienen einerseits dem Kennenlernen und andererseits einer noch genaueren Zielsetzung. Da diese Interviews lösungsfokussiert durchgeführt werden, steigern sie häufig die Zuversicht der Teammitglieder, dass sich etwas zum Positiven verändern kann. Manchmal werden nicht nur Teammitglieder befragt, sondern auch wichtige Partner an Schnittstellen des Teams wie zum Beispiel Kunden, interne Kunden usw.

Beispiel 13: **Die zweite Chance**

Ein Hightech-Unternehmen hatte die standardisierte Mitarbeiterbefragung »A great place to work« durchgeführt und festgestellt, dass es bei einem deutschen Team im Vergleich mit internationalen Teams große Abweichungen bei dessen Zufriedenheit mit der Führung gab. Es waren aber auch noch andere Themen im Rahmen dieser Befragung aufgetaucht, die es sinnvoll erscheinen ließen, ein Teamcoaching durchzuführen.

In den Interviews fragte ich die Teammitglieder zunächst nach einer allgemeinen Einschätzung: »Auf einer Skala von 1 bis 10, wobei 10 bedeutet, dass Sie jeden Morgen glücklich zur Arbeit kommen und bereit sind, Ihr Bestes zu geben und 1 das Gegenteil, wo stehen Sie jetzt?« Viele waren auf einer 7. Auf die Anschlussfrage »Was macht es aus, dass Sie auf 7 sind und nicht auf 1?« erfuhr ich, dass die Arbeit sehr interessant ist und technisch sehr anspruchsvoll. Auch der Zusammenhalt und die Atmosphäre im Team seien sehr gut. Bevor ich noch weiterfragen konnte, erzählten mir viele Teammitglieder, dass alles andere – und vor allen Dingen ihr Vorgesetzter – eine Katastrophe sei.

Besonders ein Teammitglied, das so etwas wie eine inoffizielle Führungsrolle eingenommen hatte, war sehr erbost über den Vorgesetzten: »Das ist doch eine totale Flasche! Unsere Besprechungen sind total chaotisch. Wann immer es darum geht, unsere Belange international zu vertreten, zieht er seinen Schwanz ein, und wir bekommen nur die Aufgaben, die für die anderen zu schwierig sind. Außerdem setzt er sich nicht dafür ein, dass wir erfahren, was die Strategie ist oder dass wir die Ressourcen bekommen, die wir brauchen. Ich würde das viel besser machen! Er gibt uns auch nie Feedback, und wir fühlen uns völlig alleingelassen.«

Ich war von diesem Gefühlsausbruch überrascht – das hatte ich von einem eher trockenen Techniker nicht erwartet. Erst murmelte ich irgendetwas Problemwürdigendes und Anerkennendes wie: »Das hört sich ja schrecklich an – ich bin beeindruckt, dass ihnen die Arbeit trotzdem noch Spaß macht.« Als ich mich wieder gefangen hatte, versuchte ich es mit einer Zuversichtsskala: »Auf einer Skala von 1-10, wobei 10 dafür steht, dass Sie extrem zuversichtlich sind, dass sich in Bezug auf dieses Thema etwas verändern kann und 1 das Gegenteil bedeutet, wo stehen Sie jetzt?« Der Techniker schaute mich verdutzt an. Er überlegte, und es gab ein relativ langes, nicht ganz angenehmes Schweigen. Schließlich sagt er: »Sie meinen, wenn das alles Sinn haben soll, müsste ich meinem Vorgesetzten noch einmal eine Chance geben?« An seinen Augen konnte ich sehen, dass auch er die humorvolle Seite dieser Situ-

ation erkannt hatte. Ich warf die Arme nach oben und sagte: »Iiiiich meine hier gar nichts – Sie haben das gerade gesagt!« Wir beide lachten und führten das Gespräch sehr konstruktiv fort.

Dieses Vorkommnis zeigt, dass die Interviews nicht hauptsächlich dazu da sind, Daten und Fakten zu sammeln, sondern dafür den Boden zu bereiten, dass das Teamcoaching möglichst Erfolg versprechend beginnt.

Die Fragen für die Interviews hängen natürlich von dem Auftrag ab, der erteilt wurde. Es unterscheidet sich hauptsächlich das, was als 10 gewählt wird.

- Was ist Ihre Aufgabe im Team? Was machen Sie so den ganzen Tag?
- Auf einer Skala von 1 bis 10, wobei 10 dafür steht,
  - dass Sie morgens fröhlich und gut gelaunt zur Arbeit kommen, bereit Ihr Bestes zu geben
  - dass sich Ihr Teamproblem gelöst hat
  - dass Sie gut miteinander zusammenarbeiten
  - …
- und 1 für das Gegenteil / den Anfang / den schwierigsten Moment, etc., wo sehen Sie Ihr Team jetzt?
- Was sagt Ihnen, dass das Team auf einer X steht und nicht auf 1? Was noch?
- Wer trägt was dazu bei? Was noch?
- Wer würde eine Verbesserung auf X +1 merken? Woran?
- Was sollten wir auf jeden Fall im Teamcoaching besprechen?
- Was schätzen Sie an Ihrem Team?
- Welche Erfahrungen haben Sie mit Teamcoaching-Workshops?
- Welche Methoden haben Sie schon kennengelernt und finden Sie nützlich?

Die Interviews finden meist telefonisch statt, damit man mitschreiben kann. Am Ende jedes einzelnen Interviews lesen wir den Interviewpartnern das vor, was wir notiert haben, damit wir auch nichts missverstanden haben. Die Interviews dauern je ca. 15 Minuten, sodass bei einem Team von acht Personen eine Interviewzeit von zwei Stunden anfällt.

Lösungsfokussiert bedeutet nicht problemphobisch.

Bericht

Im Anschluss an die Interviews wird ein Bericht erstellt, der an alle Teammitglieder und die Teamführung versendet wird. In diesem Bericht fassen wir die Aussagen der Teammitglieder zusammen und formulieren die Anliegen auf lösungsfokussierte Art und Weise. In den Interviews – anders zum Beispiel als einer elektronischen Befragung – haben wir ja die Gelegenheit, bei Beschwerden nachzufragen, was stattdessen passieren sollte. Wir verschweigen im Bericht nicht die Probleme, die genannt wurden – lösungsfokussiert bedeutet ja nicht problemphobisch. Anstatt aber zu formulieren, was gerade falsch läuft, verwenden wir Formulierungen, die beschreiben, woran wer mit welchem Ziel arbeiten möchte oder wie die Situation aussähe, wenn die Probleme gelöst wären.

Au: »Unser Planungsprozess ist chaotisch. Unsere Projekte laufen immer aus dem Ruder, sowohl zeitlich als auch budgettechnisch. Meistens bekommen wir uns dann auch noch in die Haare« wird: »Das Team wünscht sich mehrheitlich einen geordneten und gut geplanten Projektverlauf. Bei auftauchenden Problemen sollte gemeinsam nach Lösungen gesucht werden. Ein friedlicher Ablauf wäre für alle wünschenswert.«

Aus der Häufung der genannten Themen ergibt sich vielleicht schon eine Priorisierung für das Teamcoaching. Wenn alle Teammitglieder in den Interviews gesagt haben, dass man an der Informationsweitergabe arbeiten sollte, wird das sicher in dem Bericht weit vorne stehen und auch im Workshop thematisiert werden. Themen, die nur von wenigen benannt werden, finden zwar auch in den Bericht Eingang, werden aber im Teamcoachingprozess eher später behandelt. Manchmal ist es auch so, dass sich die Situation mit der Lösung der wichtigsten Probleme soweit verbessert hat, dass das Team die nachgeordneten Schwierigkeiten ohne Beratung lösen kann.

Der lösungsfokussierte Bericht nennt:

- Positiv formulierte, in beobachtbarem Verhalten ausgedrückte Ziele, die im Einflussbereich des Teams liegen
- Ausnahmen, Ressourcen und Stärken des Teams, die das Team zuversichtlich machen, dass diese Ziele erreicht werden können
- Manchmal noch ein Feedback des Beraters oder der Berater, was ihn oder sie an diesem Team schon in den Interviews beeindruckt hat.

Man könnte sagen, dass der Bericht eine ähnliche Funktion hat, wie die Rückmeldungen des Therapeuten oder der Therapeutin in lösungsfokussierter Therapie. Er ist in der Sprache der Klienten verfasst und sollte auf deren Zustimmung treffen. Er stärkt den Fokus auf ein positives Ziel und die Zuversicht, dass Schritte in Richtung dieses Ziels unternommen werden können. Gleichzeitig stärkt der Bericht die Wahrnehmung der Teammitglieder für die gegenseitige Wertschätzung und damit den Zusammenhalt und die positive Arbeitsatmosphäre im Team.

Beispiel 14: ***Ein anonymisierter Bericht***

Was müssen Sie gemeinsam in der nächsten Zeit erreichen?

Die meisten im Team nannten den Jahresabschluss in den nächsten Wochen, der sicherlich einiges an Arbeitsbelastung und Stress mit sich bringen würde. Es wurde von allen der Wunsch geäußert, dass man sich in dieser Zeit das Leben nicht zusätzlich durch persönliche Unstimmigkeiten schwer machen sollte. Ein produktiver, professioneller und wertschätzender Umgang miteinander würde diese Zeit leichter gestalten.
Einige nannten als weitergehende Ziele, die Zusammenarbeit mit Ungarn weiter zu verbessern und die eigenen Prozesse stetig zu optimieren.
Es wurde auch der Umgang mit der Planungsunsicherheit als Schwierigkeit genannt. Hierbei wäre eine größtmögliche Transparenz über die geplanten Schritte, die die Teamzusammensetzung oder weiteres Outsourcing angeht, nützlich. Es wurden Bedenken geäußert, dass eine weitere Verkleinerung des Teams zu einer nicht mehr zu leistenden Ar-

beitsbelastung führen kann. Auch gibt es bei einigen Teammitgliedern Befürchtungen, dass durch weiteres Outsourcing das Team verkleinert wird und möglicherweise der eigene Arbeitsplatz wegfällt. Auch die Teammitglieder mit diesen Befürchtungen äußerten großes Verständnis für die wirtschaftliche Lage des Unternehmens. Wenn Veränderungen nötig sind, werden sie verstanden. Es wird aber eine möglichst große Transparenz gewünscht, damit man sich einstellen kann und sich nicht unnötig Sorgen machen muss.

Auf einer Skala von 0 bis 10, wobei 10 bedeutet, dass Sie gerne morgens in die Firma kommen, um mit dem Team gute Arbeit zu leisten, wo stehen Sie jetzt?

1; 2–3; 0; 2–3; 5–6; 2; unter 5; 8; 9; über 5

Was läuft gut?

Alle sagten, dass es gelingt, die Arbeit in einer insgesamt guten Qualität zu erledigen. Wenn es gelingt, sachlich zu kommunizieren, funktionieren die alltäglichen Abläufe. Im Operativen kann man sich auf die Arbeit des anderen verlassen. Die meisten Teammitglieder sagten, dass ihnen die Arbeit an sich Spaß macht, sie als interessant, abwechslungsreich und auf eine gute Art herausfordernd empfunden wird. Alle Teammitglieder sind engagiert bei der Sache und arbeiten z. T. auch von zu Hause aus, wenn sie krank sind. Versuche, die Arbeit gemeinsam z. B. durch einen Wochenplan zu organisieren, haben teilweise funktioniert.

In kleinen Gruppen funktioniert die Zusammenarbeit gut. Jeder hat mindestens eine Person, mit der er oder sie sich gut versteht und mit dem oder der die Zusammenarbeit reibungslos und vertrauensvoll ist. Fachlich funktioniert die Zusammenarbeit gut. Man hilft einander, kann sich gegenseitig vertreten und vertraut den anderen.

Die fachliche Kompetenz der Führungskraft wird von allen hoch geschätzt. Sie wird als anspruchsvolle Führungskraft wahrgenommen. Einige erkennen Fürsorge und Umsicht, wenn sie dafür Sorge trägt, dass die Weihnachtszeit frei bleibt. Einige Teammitglieder schätzen ihren direkten und offenen Kommunikationsstil.

Was wäre ein kleiner Schritt vorwärts?

Fast alle Teammitglieder sprachen davon, dass durch die Vorkommnisse der letzten Zeit das Vertrauen in andere Teammitglieder stark beeinträchtigt worden ist. Wichtig sei es, wieder zu erfahren, dass man dem anderen offen und ehrlich gegenübertreten kann, ohne das Gefühl zu haben, dass dies negative Konsequenzen an anderer Stelle hat. Insgesamt wünschten sich alle Teammitglieder einen respektvolleren Umgang im Team.

Fast alle Teammitglieder sprachen davon, dass es zurzeit viele Missverständnisse und unterschiedliche, misstrauische Deutungen des Verhaltens der anderen Teammitglieder gibt. Als ein Schritt vorwärts wurde Folgendes genannt: Die Teammitglieder sollten, anstatt zu vermuten, was mit einem bestimmten Verhalten gemeint sein könnte, auf die entsprechende Person zugehen und freundlich oder zumindest neutral nachfragen oder um Erklärung bitten. Auf diese Nachfrage müsste dann eine ebenso freundliche und neutrale Antwort erfolgen, die dann vom anderen geglaubt wird. Der Vorteil wäre auch, dass man die Sicherheit gewinnt, nicht jedes Wort auf die Goldwaage legen zu müssen, da ja die anderen nachfragen, wie etwas gemeint ist, bevor sie sich verletzt oder abgewertet fühlen. Durch dieses Feedback würden alle lernen, wie ihr Verhalten beim anderen ankommt. Die Teammitglieder, die direkt und dominant auftreten, könnten lernen, das in einer für das Team nützlichen Weise einzusetzen, und die etwas stilleren Teammitglieder würden lernen, sich mehr einzubringen.

Viele Teammitglieder wünschten sich weniger »Cliquenbildung« und eine allgemein bessere Kommunikation im Gesamtteam. Das Team sollte über einander, aber auch über Mitarbeiter anderer Abteilungen in Abwesenheit der betreffenden Personen positiv sprechen.

Von vielen Teammitgliedern wurde ein konstruktiverer Umgang mit Fehlern gewünscht. Das Team und die Führung sollten überlegen, wie mit Fehlern so umgegangen werden kann, dass der- oder diejenige, die ihn verursacht hat, motiviert lernen kann, wie er zu vermeiden ist. Hierbei wird von vielen persönliche Wertschätzung gewünscht. Kritik sollte hilfreich und wertschätzend vermittelt werden und vom Empfänger als Hilfestellung akzeptiert werden. Wenn etwas vorfällt, das jemandem nicht gefällt, sollte die Person direkt mit der anderen Person Kontakt aufnehmen und den Sachverhalt klären, bevor ein anderer davon erfährt.

Einige erwähnten, dass es bei der Arbeitseinteilung und bei der Vertretung der Teammitglieder untereinander noch Verbesserungspotenzial gibt. Hier sollte über Wege nachgedacht werden, wie das reibungsloser funktionieren kann. Als ein Ansatzpunkt wurde genannt, dass es nützlich wäre, wenn Teammitglieder ohne Gesichtsverlust einen anderen um Hilfe bitten könnten.

Von der Führung erwarteten sich die meisten Teammitglieder, dass sie ein Auge auf die inhaltliche Seite der Arbeit hat, aber auch, dass sie Konflikte im Team frühzeitig erkennt, alle beteiligten Seiten konstruktiv anhört und auf eine Lösung hinwirkt. Für einige im Team war es wichtig zu wissen, dass die Teammitglieder alle fair behandelt und mit gleichem Maßstab gemessen werden. Mehr Klarheit und Transparenz über den eigenen Entwicklungsstand bezüglich der Ziele des Teams wurden von einigen gewünscht. Von Einzelnen wird ein behutsamerer Umgang gewünscht. Auch mehr Klarheit über die Zukunft des Teams wurde von einigen gefordert.

Das Teamwunder: Angenommen es geschieht ein Wunder und alle Probleme im Team wären »einfach so« gelöst – woran würden Sie es als Erstes merken?

Vielen Teammitgliedern fiel es schwer, sich ein Wunder mit der bestehenden Mannschaft vorzustellen – aber nach einigem Nachdenken wurde klar, dass das Wunder für alle Teammitglieder sehr ähnlich aussah.

Alle Teammitglieder würden ein Wunder sofort an einer freundlichen und lockeren Begrüßung am Morgen merken. Sie würden Spaß an der

Arbeit haben, gemeinsam lachen, auch in der Mitte stehen und freundlich und wertschätzend am anderen Interesse zeigen. Die Atmosphäre wäre offen und man würde manchmal hören: »Meine Güte, da habe ich aber einen dummen Fehler gemacht, das tut mir leid – kannst du mir helfen?«, worauf der andere verständnisvoll reagieren würde. Wenn jemand einen Fehler bemerkt, würde er oder sie sagen: »Kannst du mir Folgendes kurz erklären? Ich glaube, da ist etwas falsch gelaufen«, und man würde ruhig und sachlich nach einer Lösung suchen. Auch wäre zu hören, wie Teammitglieder anderen gegenüber positiv über das Team und einzelne Teammitglieder sprechen und sich gegenseitig ernst gemeintes Lob aussprechen würden. Übergaben von Arbeit wären ausführlich, respektvoll und höflich.
Einige sagten, dass nach dem Wunder es so etwas gäbe wie eine gemeinsame Tageszielsetzung, vielleicht in der Mitte des Vormittags, wenn jeder einen Überblick über die am Tag angefallene Arbeit hat. Die Arbeit des Teams würde von allen verantwortet. Konflikte würden im Team geklärt. Prozesse würden reibungsloser laufen.

Auf einer Skala von 0 bis 10, wie zuversichtlich sind Sie, dass Sie in der nächsten Zeit Fortschritte in Richtung Wunderzustand machen können?

5; 5; 5–6; 3; 3–4; 1; 0; 2; wenig

Was gibt Ihnen ein bisschen Zuversicht?

Viele sagten, dass sie aufgrund der gegenseitigen Verletzungen im Team Bedenken haben, ob die Personen wieder unbefangen und vertrauensvoll positiv miteinander umgehen könnten. Erste Zeichen von positiven Veränderungen müssten gesehen werden, und man müsste auch voneinander annehmen, dass diese Veränderung ernstgemeint ist. Nur so kann Vertrauen langfristig wiederaufgebaut werden.
Hilfreich wäre auch, wenn man vereinbaren könnte, dass für einen bestimmten Zeitraum Probleme nur im Team besprochen werden. Die meisten sagten, dass sie die hohe Professionalität der Teammitglieder

schätzen – selbst der Teammitglieder, die sich persönlich nicht mögen. Seit der Zeit, in der es am schlimmsten war, hat sich das Teamverhalten schon wieder etwas gebessert. Einige sehen den Willen etwas zu verändern und hoffen, dass durch die Einhaltung von Kommunikationsregeln zumindest ein Schritt in die Richtung eines positiven professionellen Verhältnisses gemacht werden kann.

Workshop

Im Anschluss an die Interviews und das Versenden des Berichts sind die Ziele und Themen für den Teamworkshop meist klar. Wir haben noch nicht erlebt, dass sich ein Team nicht über die wesentlichen Themen, die es zu besprechen gilt, einig war. Dadurch, dass viel von der Zielklärung schon vor dem Workshop passiert ist, ist der Workshop meist recht kurz. Es reicht in den meisten Fällen ein Workshop von sechs bis acht Stunden. Manchmal ist es auch nur ein halber Tag. Die Struktur des Workshops ist an die Themen des Teams angepasst. Möglichkeiten zur Strukturierung und Moderation solcher Workshops finden Sie im Kapitel über Werkzeuge.

Follow-up / Nachbereitung

In der lösungsfokussierten Beratung gehen wir davon aus, dass viel von der angestrebten Veränderung im alltäglichen Tun passiert und nicht unbedingt während der Beratung oder des Coachings. Es ist daher nützlich, einige Zeit nach dem ersten Workshop einen Follow-up oder eine Nachbereitungssitzung einzuberufen. In dieser Sitzung wird wie in einem lösungsfokussierten Einzelcoaching gefragt, was inzwischen besser geworden ist. Das Schöne an der Teamcoachingsituation ist, dass man hier bei jeder Verbesserung nachfragen kann, wer was dazu beigetragen hat, dass diese Verbesserung möglich geworden ist.

In besonders schwierigen oder kritischen Fällen schieben wir auch vor dem Follow-up noch einmal eine Runde Interviews ein, um vertraulich erfahren zu können, ob und wie sich die Situation in der Sichtweise der einzelnen Teammitglieder verbessert hat. Die Frage nach dem »Was ist besser?« darf auf keinen Fall so verstanden werden, als seien Antworten darüber, was nicht besser geworden ist oder noch besser werden muss, nicht gewünscht. Es geht darum, dass die Mitglieder des Teams tatsächlich darüber nachdenken, was besser geworden ist, und nicht einfach nur gute Miene zum bösen Spiel machen.

Weitere Punkte auf der Tagesordnung des Follow-up-Treffens sind alle die Themen, die noch nicht besprochen wurden oder in der Zwischenzeit aufgetaucht sind. Diese werden in bewährter Manier durch Skalierung in kleinen Gruppen oder Plenumsdiskussionen besprochen, und es werden erste Schritte in Richtung Verbesserung dieser Themen geplant.

Theoretisch könnte es danach noch mehrere Sitzungen geben, bis alle Themen bearbeitet wurden. Unserer Erfahrung nach bleibt es meistens bei zwei Sitzungen. Das Team hat nach zwei Sitzungen meist ausreichend Zutrauen in die eigene Problemlösungskompetenz, dass keine externe Beratung notwendig ist. Um das Zutrauen in die Problemlösungskompetenz des Teams zu stärken, fragen wir in der Follow-up-Sitzung auch immer, was für die Verbesserung jeweils nützlich war und was das Team auf jeden Fall fortführen möchte. Wir besprechen auch manchmal mit dem Team, was es tun wird, wenn sich die Situation unerwartet wieder verschlechtert. Ein solches Verhalten ist vielleicht schlecht fürs Geschäft, aber sehr nützlich für Selbstbewusstsein und Unabhängigkeit des Teams.

Andere Prozesse

Wir haben lösungsfokussiertes Teamcoaching selbstverständlich nicht erfunden. Es gibt schon einige Modelle, die erfolgreich international eingesetzt werden.

Ben Furman und Tapani Ahola haben das Konzept »Twin Star« entwickelt. Es handelt sich um eine Bündelung ihrer Erkenntnisse zum Thema Arbeitszufriedenheit. Weiterhin bieten sie unter dem Label »Reteaming« einen lösungsfokussierten Prozess für Teams und Gruppen an. Inzwischen nennt sich dieses Angebot für Organisationen »Co-Operation«. Die meisten der Bücher sind auf Deutsch im Carl Auer Verlag erschienen und können dort bezogen werden (Furman, B. & Ahola, T.: 2004 und Furman, B. & Ahola, T.: 2010).

Ein weiteres Konzept zur Teamentwicklung stammt von Daniel Meier. Sein Buch »Wege zur erfolgreichen Teamentwicklung« hat uns so begeistert, dass wir es zusammen mit Jenny Clarke von Solutionbooks unter dem Titel »Teamcoaching with the SolutionCircle« ins Englische übersetzt habe. Es bietet viele praktische Hinweise und unter anderem ganze Workshop-Pläne.

SolutionCircle

Der SolutionCircle überträgt die Philosophie lösungsfokussierten Einzelcoachings auf die Teamentwicklung. Jeder SolutionCircle kann – natürlich auf die jeweilige Sachlage angepasst – folgende Schritte enthalten:

1. Rahmen klären
2. Erwartungen und Ziele
3. Brennpunkte
4. Sternstunden
5. Futur Perfekt
6. Scaling Dance
7. Maßnahmen
8. Persönlicher Auftrag

Es folgt eine kurze Übersicht über den Inhalt und Ablauf der einzelnen Schritte.

Rahmen klären

Mit »Rahmen klären« meint Daniel Meier die Anfangsphase eines Teamcoachings mit der Gruppe. Dieser Schritt dient dazu, dass die Gruppe Vertrauen zum Teamcoach fasst und insgesamt arbeitsfähig wird. Zunächst berichtet der Coach, was vor dem Workshop an Auftragsklärung geschehen ist und was er oder sie über das Team schon erfahren hat. Hierbei benennt der Coach auch schon die Ressourcen des Teams, die er oder sie in Erfahrung gebracht hat. Es wird auch benannt, was verändert werden kann und was gesetzt ist. Der Coach beschreibt kurz die lösungsfokussierte Arbeitsmethode: Es soll darum gehen, wie man mit den Problemen umgeht, und nicht darum, die Vergangenheit zu bewältigen oder Probleme zu analysieren. Auch die Rolle des Coachs als Moderator oder Moderatorin und Prozessverantwortliche oder Prozessverantwortlicher wird benannt.

Daniel Meier empfiehlt hier auf einem Flipchart die Spielregeln für den Workshop festzuhalten. Dieser Schritt findet sich in vielen Anleitungen zur Moderation. Leider wird selten festgehalten, was passiert, wenn jemand diese Regeln bricht. Da man es ohnehin nicht kontrollieren kann, was während des Workshops passieren wird, und von Moment zu Moment mit den gegebenen Gefühlslagen des Teams umgehen muss, kann man unseres Erachtens diesen Schritt auch weglassen.

Erwartungen und Ziele

Gemeinsam mit dem Team legt der Coach fest, welche Ziele erreicht werden sollen. Auch für Daniel Meier ist es wichtig, gemeinsam mit dem Team Erfolgskriterien festzulegen, anhand derer das Team erkennen kann, dass sich das Engagement im Teamworkshop gelohnt hat. Die Moderation dieses Schritts erfolgt im Plenum oder in Kleingruppen mit ähnlichen Fragen, wie oben angegeben. Besonderen Wert legt Daniel Meier auf die Arbeit des oder der Teamcoachs mit den Antworten der Teilnehmer. Diese sind anfangs häufig noch diffus oder negativ formuliert. Der Teamcoachhilft bei der Formulierung von positiv formulierten, realistischen und konkreten Zielen.

Brennpunkte

»Lösungsfokussiert arbeiten bedeutet nicht unter einer Problemphobie zu leiden« – diesen Satz hört man häufig von lösungsfokussierten Praktikern. Daniel Meier greift diese Grundhaltung im Schritt »Brennpunkte« auf. Die Teilnehmer dürfen wichtige Probleme auf Moderationskärtchen schreiben. Diese werden dann geclustert und priorisiert. Danach wird in Interessengruppen an diesen Themen gearbeitet.

Sternstunden

Nach der Bearbeitung der Brennpunkte wendet sich die Moderation des SolutionCircles wieder positiven Erlebnissen des Teams zu. Es wird gemeinsam oder in kleinen Gruppen gesammelt, welche Sternstunden des Teams es in der letzten Zeit gab. Dann wird analysiert, wie diese Sternstunden möglich wurden und welche Stärken des Teams hier zum Vorschein kamen.

Futur Perfekt

Im Arbeitsschritt »Futur Perfekt« arbeiten die Interessengruppen, die sich unter »Brennpunkte« gefunden hatten, an einer reichen positiven Beschreibung der erwünschten Zukunft in Bezug auf das jeweilige Thema.

Scaling Dance

Mithilfe einer Skalierung im Raum werden hilfreiche Unterschiede definiert. Zunächst wird darüber gesprochen, was den Teammitgliedern sagt, dass sie nicht auf einer 0 stehen. Danach spricht man über die Situation, die besteht, wenn man einen Schritt weiter in Richtung 10 ist. Hieraus ergeben sich meist automatisch nächste Schritte.

Maßnahmen

In diesem Schritt werden konkrete Maßnahmen formuliert. Daniel Meier empfiehlt, dass das Team sich auch notiert, bei wem sie Unterstützung für ihre Weiterentwicklung bekommen könnten. Außerdem sollte sich das Team überlegen, wie der gestartete Prozess weiter in Gang gehalten werden kann.

Persönlicher Auftrag

Durch einen persönlichen Auftrag soll die Aufmerksamkeit des Teams auf die kleinen Fortschritte nach dem Teamcoaching gerichtet werden. Jedes Teammitglied sucht sich eine Aktivität zur Unterstützung des Teamprozesses aus. Diese Aktivität wird den anderen aber nicht bekannt gegeben. Der persönliche Auftrag kann auch eine Beobachtungsaufgabe sein: Jedes Teammitglied soll das sammeln, was er oder sie an Verbesserungen in der nächsten Zeit wahrnimmt. Diese Sammlung dient dann auch für den Start des nächsten Workshops.

Reteaming

Bei Ben Furmans und Tapani Aholas »Reteaming« handelt es sich auch um einen strukturierten Prozess, der von Einzelnen oder auch zur Team- oder Organisationsentwicklung genutzt werden kann. Hier sind die Schritte:

Den Traum beschreiben

Im ersten Schritt wird genau beschrieben, wie eine zufrieden stellende Zukunft aussieht. Man stellt sich vor – so wie in einer Wunderfrage –, diese Zukunft wäre schon erreicht, und malt sich im Detail aus, was dann besser oder anders ist. Dieser Traum ist die Basis für den Reteaming-Prozess.

Ein Ziel identifizieren

Nun werden aus diesem Traum einige Ziele abgeleitet, die erreicht werden müssen, damit dieser Traum Wirklichkeit werden kann. Für den weiteren Prozess entscheidet man sich dann für ein Ziel, an dem man zunächst arbeiten möchte.

Unterstützer einbinden

Das Team oder die Einzelperson, das oder die den Reteaming-Prozess unternimmt, erstellt eine Liste aller Menschen, die bei der Zielerreichung hilfreich sein könnten. In einem weiteren Schritt werden diese angesprochen und über das Ziel informiert. Sie werden auch um ihre Unterstützung gebeten.

Den Nutzen der Zielerreichung beschreiben

Man überlegt sich genau, was besser sein wird, wenn dieses Ziel erreicht ist. Wenn zum Beispiel das Ziel »Bessere Kommunikation« ist, fragt man sich, woran genau man merken wird, dass sich die Kommunikation verbessert hat und was dadurch besser ist oder ermöglicht wird.

Schon gemachten Fortschritt erkennen

Man fängt ja meistens nicht bei 0 an. In diesem Schritt überlegt man sich genau, was schon in Bezug auf dieses Ziel gut läuft. Bei »Besserer Kommunikation« würde ein Team zum Beispiel aufschreiben, was an Kommunikation schon so läuft, wie es in der Zielvorstellung beschrieben wurde.

Sich den weiteren Fortschritt vorstellen

Das Team oder die Person überlegt sich die Schritte, die bis zur Erreichung des Ziels nötig sind. (Dies widerspricht unserer Ansicht ein wenig der lösungsfokussierten Philosophie, dass eben nach dem ersten Schritt in Richtung 10 nicht unbedingt alle Schritte geplant werden können, ist aber sehr wirtschaftskompatibel.) Die Moderation dieses Schrittes könnte z. B. eine Timeline in die Zukunft sein.

Anerkennen, dass es nicht einfach wird

Hier überlegt sich das Team oder die Person – eigentlich recht klassisch wie im Projektmanagement –, was dazwischenkommen könnte, warum es möglicherweise schwierig wird, das Ziel zu erreichen. Mit welchen Hindernissen ist zu rechnen? Bei »Verbesserung der Kommunikation« könnte es z. B. sein, dass es wahrscheinlich nicht genug Zeit gibt, um sich auszutauschen.

Gründe für die Zuversicht identifizieren

In diesem Schritt wird überlegt, wie die Hindernisse überwunden werden können und welche anderen Gründe es gibt, aus denen das Team oder die Person zuversichtlich sein kann, dass das Ziel erreicht werden kann.

Sich verpflichten

Jedes Teammitglied entscheidet sich für die nötigen Schritte, die er oder sie durchführen möchte gibt diese Schritte anderen bekannt und verpflichtet sich dazu, sie auch durchzuführen.

Schritte nachverfolgen

In den weiteren Treffen mit dem Team oder der Einzelperson werden dann diese Schritte nachgehalten: Was ist passiert? Was muss noch passieren?

Was hat funktioniert? Wo muss es noch Anpassungen geben? Hier handelt es sich um ein sehr pragmatisches und im traditionellen Projektmanagement auch so gehandhabtes Verfahren.

Mit Rückschlägen umgehen

Wenn etwas nicht so funktioniert, wie man es sich ausgedacht hat, oder es andere Rückschläge gibt, wird ohne Schuldzuweisung gefragt, was man tun kann. Wichtig ist, dass man die Hoffnung nicht aufgibt, dass das Ziel zu erreichen ist. Wenn alle Stricke reißen, kann man sich schlimmstenfalls ein neues, erreichbares Ziel suchen.

Den Erfolg feiern und sich bei den Unterstützern bedanken

> *Wir gehen lösungsfokussiert davon aus, dass die Mitarbeiterzufriedenheit verbessert werden kann, ohne dass man zuvor die Ursachen für die Unzufriedenheit genau analysiert und erfasst hat.*

Wenn das Ziel erreicht ist, wird gefeiert. In Unternehmen kann das ein »Projekt-Review« sein, bei dem es auch Kaffee und Kuchen, Sekt und Häppchen gibt. Es werden alle eingeladen, die zum Erfolg beigetragen haben. Die wichtigsten Erfolgsfaktoren werden noch einmal beleuchtet und so für weitere Projekte gefestigt.
Unter dem Label »Cooperation« bieten Ben Furman und Tapani Ahola zu diesem Vorgehen mehrtägige Kurse an, die zu einer Zertifizierung führen.
http://www.cooperationtraining.com

Twin Star

Das Buch »Twin Star – Lösungen vom anderen Stern. Zufriedenheit am Arbeitsplatz als Zwilling des Erfolgs« von Ben Furman und Tapani Ahola ist ein lösungsfokussiertes Konzept zur Verbesserung des Betriebsklimas und der Zufriedenheit am Arbeitsplatz. Die beiden Autoren teilen unsere Vorbehalte bezüglich der allgegenwärtigen Umfragen zum Thema Mitarbeiterzufriedenheit. Wir gehen lösungsfokussiert davon aus, dass die Mitarbeiterzufriedenheit verbessert werden kann, ohne dass man zuvor die Ursachen für die Unzufriedenheit genau analysiert und erfasst hat. Das Konzept »Twin Star« bündelt die Ergebnisse aus den »Reteaming«-Prozessen. Ben Furman und Tapani Ahola haben aus dieser Arbeit die entscheidenden Faktoren, die ihrer Ansicht nach zu positiver Arbeitsatmosphäre und zu Kooperationsbereitschaft der Mitarbeiter führen, destilliert:

- Wertschätzung
- Spaß (und Humor)
- Erfolg
- Anteilnahme (und gegenseitige Beachtung)

Laut Ben Furman und Tapani Ahola sind nicht nur diese positiven Faktoren entscheidend. Es geht auch darum, dass man mit den wesentlichen Schwierigkeiten im Unternehmensalltag gut umgehen kann:

- Probleme (und die Diskussion darüber)
- Kränkungen (kränken und gekränkt werden)
- Rückschläge (und andere Misserfolge)
- Kritik (kritisieren und kritisiert werden)

Diese acht Faktoren werden als zwei Sterne, ein positiver und ein negativer, dargestellt. Daher kommt der Name des Programms: Twin Star – der Zwillingsstern.

Wertschätzung

Für ein gutes Betriebsklima ist es unabdingbar, dass sich die Mitarbeiter gegenseitig Wertschätzung für ihre Arbeit zeigen. Hierbei geht es nicht nur um ein plattes Lob: »Toll gemacht«, sondern um positive Rückmeldungen, die jedem zeigen, dass sich der andere für die eigene Arbeit interessiert und sie positiv bewertet. Es gibt viele Arten Wertschätzung auszudrücken: andere um Rat bitten, sich für die Standpunkte der anderen interessieren, Dritten von der guten Arbeit erzählen. Zu einem positiven Klima der Wertschätzung gehört es auch, dass die Teammitglieder lernen, wertschätzende Rückmeldungen anderer anzunehmen. Ben Furman und Tapani Ahola empfehlen, dass man sich für das Lob bedankt und es dann an die weitergibt, die auch dazu beigetragen haben. Anstatt »Vielen Dank« sagt man dann: »Vielen Dank, meine Kollegen haben mir bei diesem Projekt aber auch sehr geholfen.« Auch ist es nach Ansicht der beiden Autoren völlig normal und zudem wertvoll, wenn man sich Lob und Komplimente der anderen Teammitglieder einholt. Man zeigt so, dass man auf die Meinung anderer Wert legt.

Spaß (und Humor)

Spaß und Humor auf der Arbeit haben gesundheitsfördernde Wirkungen. Sie verringern Stress und Erschöpfung und führen dazu, dass man Probleme leichter angehen kann. Wer mit Freude arbeitet, wird kreativer. Selbst wenn die zu erledigende Arbeit monoton ist, so kann doch ein humorvolles Team dafür sorgen, dass man morgens gerne zur Arbeit kommt. Wichtig ist nur, dass das Team gemeinsam lacht und man sich nicht über Einzelne lustig macht.

Erfolg

Die Freude am Erfolg der eigenen Leistung oder der Leistung des Teams ist einer der wesentlichen Faktoren für die Zufriedenheit am Arbeitsplatz. Deshalb macht es Sinn, den Erfolg der Arbeit für alle Mitarbeiter spürbar werden zu lassen. Dies kann dadurch geschehen, dass man kleine Erfolge sichtbar werden lässt, oder auch durch Lob und Anerkennung. Jeder Einzelne kann durch seine Freude am Erfolg dazu beitragen, dass die Arbeitszufriedenheit aller ansteigt. Es kommt auch darauf an, wie man sich freut: Wenn man andere am eigenen Erfolg teilhaben lässt, ist es ratsam, den Beitrag, den andere dazu geleistet haben, anzuerkennen und zu wertschätzen. Also nicht: »Ich habe es geschafft, ich bin so toll!«, sondern: »Ich habe es geschafft, und ich konnte das, weil wir alle so gut zusammengearbeitet haben.«

Man kommt lieber zur Arbeit, wenn man das Gefühl hat, dass sich die Kollegen für das eigene Wohlergehen interessieren.

Anteilnahme

Es ist gut, wenn man sich bei der Arbeit als Mensch wahrgenommen fühlt und nicht nur als austauschbares Rädchen in einer großen Maschine. Man kommt lieber zur Arbeit, wenn man das Gefühl hat, dass sich die Kollegen für das eigene Wohlergehen interessieren. Dies drückt sich in den verschiedensten Verhaltensweisen aus: einfühlsam sein, nach dem Befinden fragen, sich darüber informieren, was der andere gerade zu tun hat, sich für Dinge interessieren, von denen man weiß, dass sie den Kollegen interessieren usw. Im Grunde sollten dies Selbstverständlichkeiten sein, die jeder und jede im Kindergarten gelernt hat – aber wie häufig hören wir als Antwort auf die Wunderfrage in Bezug auf Zufriedenheit am Arbeitsplatz: »Ich würde merken, dass ein Wunder geschehen ist, wenn mich meine Kollegen am Morgen freundlich grüßen.«

Wie wir stellen auch Ben Furman und Tapani Ahola fest, dass es häufig im Arbeitsleben Situationen gibt, in denen einem etwas komisch vorkommt oder man ein Anliegen hat, das man thematisieren müsste, aber niemand traut sich darüber zu sprechen. In »Twin Star« gibt es dazu eine pragmatische Anleitung:

- Dem Kollegen sagen, dass man über etwas sprechen möchte
- Beim Gespräch dann ausdrücken, dass man sich Sorgen um den Kollegen macht
- Danach gut zuhören und Verständnis zeigen
- Hilfe anbieten, aber keine platten Lösungsvorschläge
- Ein zweites Gespräch vereinbaren
- Die Angelegenheit weiterverfolgen und weitere Unterstützung (notfalls professionell) organisieren helfen.

Dieses Schema hilft vielen Leuten über Dinge zu sprechen, die ihnen zunächst unangenehm erscheinen.

Übung 7: **Eau de Collègue**

Es ist erstaunlich, wie häufig das Thema »Mein Kollege hat einen unangenehmen Körpergeruch. Ich weiß nicht, wie ich es ansprechen soll« in Führungskräfteseminaren oder in Seminaren zum Thema Konfliktmanagement angesprochen wird. Versuchen Sie doch einmal, diese Situation mithilfe des obigen Schemas zu lösen. Sie werden sehen, es ist recht hilfreich, eine solche Struktur zu haben. Bitte lesen Sie erst weiter, wenn Sie sich selbst ein paar Stichpunkte notiert haben.

Eine mögliche Lösung:
Dem Kollegen oder der Kollegin sagen, dass man über etwas sprechen möchte:

> *»Hallo Helga, ich möchte mit dir über etwas sprechen – wann hättest du denn ein paar Minuten Zeit? Ich würde dann den Besprechungsraum reservieren. Nicht dass du dir Sorgen macht, es ist nichts Schlimmes.«*

Beim Gespräch dann ausdrücken, dass man sich Sorgen um den Kollegen oder die Kollegin macht:

> *»Vielen Dank, dass du dich zu diesem Gespräch bereiterklärt hast. Lass es mich ganz offen sagen: Mich haben in der letzten Zeit zwei Kollegen angesprochen, die bemerkt haben, dass du manchmal einen etwas unangenehmen Körpergeruch hast. Das ist nicht jeden Tag so und auch nicht weiter schlimm, das kann ja mal passieren. Wir alle schätzen dich sehr und ich wollte es dir lieber direkt sagen, als dass du es hinten herum erfährst – du weißt ja, wie schnell so etwas dumme Folgen haben kann.«*

Danach gut zuhören und Verständnis zeigen:

In den meisten Fällen wird das der betroffenen Person peinlich sein, und das Problem dürfte sich dadurch von selbst lösen. Vielleicht sagt Helga aber auch, dass sie es sich gar nicht erklären kann und es selber auch überhaupt nicht merkt. In diesem Fall könnte man Hilfe anbieten, aber keine platten Lösungsvorschläge:

> *»Ich weiß auch nicht genau, wie ich dir dabei helfen könnte – hast du eine Idee? Was wäre für dich denn nützlich?«*

Ein zweites Gespräch vereinbaren:

Das dürfte in diesem Fall wahrscheinlich nicht nötig sein. Man könnte vielleicht Folgendes anbieten:

> *»Wenn es dir recht ist, könnte ich es dir sagen, wenn ich etwas merke und du nicht?«*

Wenn es sich um schwierigere Probleme handelt wie zum Beispiel übermäßigen Genuss von Alkohol oder dass sich jemand immer fürchterlich aufregt, sollte man tatsächlich in einer gewissen Zeit ein weiteres Gespräch vereinbaren, wenn der Kollege Hilfe möchte. Das gilt auch für den letzten Schritt.

Die Angelegenheit weiterverfolgen und weitere Unterstützung (notfalls professionell) organisieren helfen:

Probleme

Nach der Lektüre dieses Buches wird sicherlich keiner mehr auf die Idee kommen, dass es nützlich ist, bei zwischenmenschlichen Problemen zunächst einmal nach der Ursache zu suchen. Dies sehen auch Ben Furman und Tapani Ahola so. Leider hat sich das in Teams und Abteilungen noch nicht unbedingt herumgesprochen. Es kann in Teamcoachings deshalb auch manchmal nützlich sein, den Teams beizubringen oder nahezulegen, wie man statt dessen konstruktiv mit Problemen umgehen kann (natürlich nur, wenn das auch das Anliegen des Teams ist). Auch hier bieten Ahola und Furman eine Art Struktur:

1. Wandeln Sie die Probleme in Ziele um.
2. Machen Sie die Ziele interessant.
3. Spezifizieren Sie die Ziele.
4. Spezifizieren Sie die Schritte zum Erfolg.
5. Machen Sie das Ziel realistisch und erreichbar.
6. Lenken Sie die Aufmerksamkeit der Beteiligten auf den Fortschritt.

»Schenken Sie Anerkennung, wo es angebracht ist« (Ahola, T. & Furman, B., 2004: S. 85f.)

Kränkungen

Wo immer Menschen zusammenarbeiten, kommt es zu Missverständnissen oder sogar Kränkungen. Das ist einfach so, und es kann nicht darum gehen, dies um alles in der Welt zu verhindern. Wichtig allerdings ist, wie man damit umgeht. Die beste Lösung ist natürlich, wenn die beteiligten Personen die Sache selbst sofort und persönlich aus der Welt schaffen – leider passiert das manchmal nicht. Hier kommt es sehr darauf an, eine Kultur zu entwickeln, in der es normal und erwünscht ist, dass sich jemand entschuldigt, wenn er jemand anderen unbeabsichtigt verletzt hat. Häufig werden in diesen Situationen dritte Personen hinzugezogen. Es ist auch wichtig, dass diese Personen verstehen, wie sie reagieren sollten, um nicht noch Öl ins Feuer zu gießen, sondern den beiden Parteien die Möglichkeit eröffnen, miteinander zu sprechen und wieder ins Reine zu kommen. Unserer Erfahrung nach ist es oft hilfreich, wenn man in einem Teamcoaching mit Kränkungen umgehen muss, nicht nur zu besprechen, wie die Kränkung, die gerade vorliegt, zu beheben ist, sondern auch darüber zu reden, wie man in Zukunft darauf reagieren möchte, wenn so etwas noch einmal passiert.

Wo immer Menschen zusammenarbeiten, kommt es zu Missverständnissen oder sogar Kränkungen.

Rückschläge

Eine positive Fehlerkultur ist sehr hilfreich für den Teamzusammenhalt, die Zufriedenheit mit der Arbeit und die Motivation. Es ist ein großer Unterschied, ob jeder Fehler, den ein Kollege oder eine Kollegin begeht, als Bestätigung für deren Inkompetenz gewertet wird, oder ob die anderen dafür Verständnis zeigen und Trost spenden. Wir haben in Unternehmen schon einige Mitarbeiter und Führungskräfte erlebt, die sich in ständiger Aufregung über die dummen Fehler anderer befanden. Es fallen dann Sätze wie »Wie blöd kann man eigentlich sein!« oder der berühmte Satz von Hollywoodregisseuren: »So kann ich nicht arbeiten!« Wie anders ist es, wenn bei einem Fehler »O je, das tut mir leid! Soll ich dir helfen den Fehler zu beheben?« oder »Mist! Aber das ist verständlich, das ist mir auch schon passiert!« gesagt wird. Am Wichtigsten natürlich ist es, dass man gemeinsam überlegt, wie der Fehler das nächste Mal verhindert werden kann.

Kritik

In den meisten Teamcoachings oder Führungskräfteseminaren ist das Thema »Kritik üben« ein wichtiger Bestandteil. Wenn zu diesem Thema ein Input gewünscht wird, verwenden wir meist Bausteine aus dem Twin Star.

Besonders hilfreich ist das fünfstufige Modell zur Annahme von Kritik und zum Kritik üben. Letzteres findet sich nicht im Twin Star – wir haben es bei einer Fortbildungsveranstaltung von Ben Furman gelernt und dann immer weiterentwickelt. Leider wissen wir nicht mehr genau, was von Ben Furman kommt und was wir dazu erfunden haben.

Kritik annehmen:

1. Hören Sie zu.
2. Danken Sie.
3. Akzeptieren Sie die emotionale Reaktion.
4. Entschuldigen Sie sich für das Geschehene.
5. Machen Sie die Kritik zu einer Hoffnung die erfüllt werden kann (Ahola & Furman, 2004 S. 133).

Kritik üben:

1. Einen guten Moment abpassen.
2. Das Problem konkret benennen.
3. Beschreiben, was anstatt dessen passieren sollte.
4. Erste Schritte vereinbaren.
5. Zuversicht ausdrücken.

Übung 8: **Kritik üben und annehmen**

Als Übung können Sie sich in beide Rollen versetzen und einen Dialog schreiben, in dem Sie Kritik üben und einen, indem Sie auf Kritik positiv reagieren. Viele unserer Teilnehmer haben mit diesen Modellen sehr gute Erfahrungen gemacht.

PET

Das »Performance Enhancement Tool« wurde 2008 von Kirsten Dierolf und Christian Mühldorfer entwickelt und ist eine schnelle Methode, Veränderungsprozesse zu strukturieren.

Beispiel 15

Firma Alpha steht vor einem Problem. Alpha ist ein mittelständischer Automobilzulieferer für Plastikteile mit 250 hoch spezialisierten Mitarbeitern, die auf dem Arbeitsmarkt schwer zu bekommen sind. Mehrere Kunden haben kurzfristig ihre Produktion zurückgefahren und Aufträge storniert. Die rasante Entwicklung hat alle überrascht und zwingt die Firmenleitung kurzfristig zu einem Maßnahmenplan, der der Öffentlichkeit mitgeteilt wird. Typisch für solche Situationen ist, dass sich wenige Personen treffen und meist sehr allgemeine Statements formuliert werden, die oft noch ebenfalls öffentlich von nicht Hinzugezogenen opponiert werden.

Beispiel 16

In Firma Beta entbrennen im Rahmen langfristiger Projekte, z. B. hier bei der Medikamentenentwicklung, immer wieder fruchtlose Diskussionen. Die Projektmitarbeiter sind der Meinung, dass ca. ein Drittel der Meetings und Workshops zu lang und ineffektiv sind. Gleichzeitig bemängeln sie, dass das Buy-in gering ist, also die Tendenz besteht, bei Themen, die einen nicht direkt angehen, abzuschalten. Gleichzeitig ist den Beteiligten klar, dass man eine Möglichkeit braucht, um die Projektschritte effektiv und effizient aufeinander abzustimmen. Der anstehende »Meilenstein« macht dies dringend notwendig.

Beispiel 17

In Firma Gamma steht wieder eine Baubesprechung an. Die Projektleiter der verschiedenen Firmen, Bauherren und Architekten stehen sich eher ablehnend gegenüber. Die Wertschätzung für andere Gewerke und Aufgaben ist gering. Die Diskussionen sind davon geprägt, wer sich durchsetzen kann oder wer zuerst einen Rückzieher macht. Zitat: »Aufgrund der ständigen Änderungen und der Rahmenbedingungen haben wir für Teambuilding oder so was keine Zeit.«

Wir wollen hier zunächst einige Ansätze darstellen, die zur Entwicklung des PET für solche Situationen beigetragen haben.

Diese Situationen eint, dass wenig Zeit für Entscheidungen da ist, unterschiedliche Informationsstände bestehen und Individualziele überwiegen. Daraus folgt, dass wenige Personen Entscheidungen treffen, die anschließend den Stakeholdern »verkauft« werden müssen, was je nach Kommunikationsfähigkeit oder Führungsqualität der Entscheider besser oder schlechter gelingt.

Legt man dagegen Wert auf Commitment, hohen Beteiligungsgrad möglichst aller Akteure, Buy-in, möglichst umfassende Informationen aller, auf die Bereitschaft über den eigenen Tellerrand hinauszusehen und auf Aktionspläne, die über allgemeine Absichtserklärungen hinausgehen, heißt das meist, dass viel Zeit zur Verfügung stehen muss. Für Projektgruppen, die über längere Zeiträume zusammenarbeiten, bestimmte Change-Prozesse oder in der agilen Softwareentwicklung werden Kick-offs, Begleitworkshops und Kurzabstimmungen inzwischen regelmäßig durchgeführt. Nur wenn es hart auf hart geht, heißt es: Dafür ist zu wenig Zeit. PET ist schnell und zeitsparend und kommt daher den Unternehmen in dieser Situation sehr gelegen.

Bei PET wird jeder Arbeitsschritt für alle sichtbar visualisiert. Die Visualisierung bleibt bis zum Ende des Prozesses für alle stehen. Wichtig ist hier nach jedem Arbeitsschritt die Zusammenfassung, in der impliziert wird, dass alle Informationen, die an den Moderationswänden stehen, von allen wahrgenommen und verarbeitet werden und Grundlage für den nächsten Schritt sind.

Vorab ist das Commitment der Teilnehmer für die ungewöhnliche Vorgehensweise abzuholen. D. h., wir weisen darauf hin, dass für jeden Arbeitsschritt nur drei bis 15 Minuten Zeit zur Verfügung steht und der Schritt dann unterbrochen wird. Den Teilnehmern wird versichert, dass sie trotzdem in der Lage sein werden, alle Informationen zu verarbeiten. Für den Workshop bedeutet das, dass wenig verbale Diskussion stattfindet, sondern Entscheidungen durch bestimmte Werkzeuge (Punktekleben etc.) ermöglicht werden.

Da der Workshop mit relativ hohem Tempo von Arbeitsschritt zu Arbeitsschritt geht, empfiehlt sich der Einsatz selbstklebender Moderationskarten.

Die Fragen sollten zusätzlich zu der Visualisierung deutlich sichtbar auf einem Flipchart und als Überschrift auf der jeweiligen Moderationswand stehen.

Die sieben Hauptschritte der Methode sollten sich vom Zeitumfang so verteilen, dass ca. ¾ der Zeit sich auf die Punkte 4 bis 7 konzentrieren. Als Zeitumfang ist mindesten eine Stunde anzusetzen, bei größeren Gruppen bis zu zwei Stunden.

Ablauf

Schritt 1: Zielsetzung

- Wofür soll Ihnen dieser Workshop nützen? (Kärtchen schreiben und sammeln)

Die Teilnehmer werden hier gebeten, die einzelnen Zielsetzungen schon beim Anbringen zu clustern. Nach einer kurzen Zusammenfassung durch den Moderator folgt schon der nächste Schritt:

Schritt 2: Wer sind die wichtigsten Beteiligten / Stakeholder?

- Sammeln auf Flipchart, wiederholen und weiter:

Schritt 3: What do you have to get right? –
Was müssen wir unbedingt hinkriegen?

- Was müssen wir dazu hinkriegen für …? (Kartenabfrage und clustern)
- Zunächst schreibt jeder für sich die wichtigsten Punkte auf. Anschließend sollen sich die Teilnehmer und Teilnehmerinnen in Paargesprächen (Dreier-/Fünfergesprächen je nach Gruppengröße) auf die drei wichtigsten Punkte einigen und diese im oberen Teil der Moderationswand anbringen. Der untere Teil ist für die restlichen Karten.
- Priorisieren durch Punktabfrage.
- Welches sind die entscheidenden Themen? (Punktabfrage der Cluster)

Schritt 4: Was funktioniert schon? (Kleingruppen – jede ein Flipchart)

- Ausgehend von den gebildeten Clustern aus Schritt 3 werden Kleingruppen gebildet, um mithilfe eines Brainstormings die wichtigsten Punkte aufzuschreiben.
- Dies kann durch eine Skakalierungsfrage (10 alles funktioniert, 1 nichts funktioniert, wo stehen Sie, was macht es aus, dass Sie nicht auf 1 sind) unterstützt werden.

Schritt 5: Futur Perfekt

- Fantasiereise in die Zukunft (einer möglichen 10) oder die Wunderfrage.
- Karten schreiben, die drei wichtigsten Sachen sagen.

Schritt 6: Skala 1 bis Wunder

- Scaling Dance: Die Teilnehmer stellen sich auf den Punkt der Skala 1–10, auf dem sie glauben sich momentan zu befinden. Anschließend werden alle gebeten, einen Schritt in Richtung der 10 zu machen. Bei Platzmangel kann das auch direkt am Platz passieren oder mit kleinen Holzfiguren auf einer vorher ausgeteilten Skala auf dem Tisch.
- Anschließend wird durch den Moderator auf Zuruf am Flipchart gesammelt: Was müssen Sie in Bezug auf X tun, dass Sie einen Schritt weiterkommen?

Schritt 7: Action Plan

- Die vorher entwickelten Schritte werden von allen per Punkteabfrage priorisiert und anschließend in Gruppenarbeit konkrete Aktionen (wer, was, wie ...) festgelegt.
- Anschließend können die Ergebnisse noch kurz diskutiert werden.

Fallstricke der Methode

Bei der Auftragsklärung ist es äußerst wichtig, mit den Auftraggebern zu klären, ob die Ergebnisse der Arbeit bindend sind oder ob sie als Entscheidungsgrundlage dienen. Dies sollte den Teilnehmern auch entsprechend kommuniziert werden.

Zudem ist auf die Gruppengröße zu achten. Obwohl wir die Erfahrung gemacht haben, dass auch 30 Menschen im Workshop arbeiten können, halten wir eine maximale Teilnehmerzahl von 10 für sinnvoll.

Der oder die Moderatoren, zwei sind auf jeden Fall sinnvoller, sollten den Prozess »fest im Griff« haben. Insbesondere unter drängenden Rahmenbedingungen besteht sonst die Gefahr, nicht mit dem vorhandenen Zeitkontingent auszukommen.

Jeder Fall ist einzigartig. PET wurde konzipiert für Situationen, in denen schnell konkrete erste Schritte unter Zeitknappheit mit möglichst hohem Buy-in aller Beteiligten erreicht werden soll.

Fazit

PET hat sich für den Einsatz in diesen spezifischen Situationen bewährt. In modifizierter Form kann es auch als Tagesworkshop eingesetzt werden (z. B. in Kombination mit World Café). Es bietet großartige, kreative Möglichkeiten in der Workshop-Konzeption, setzt aber voraus, dass man sich hinreichend mit der Ausgangssituation des Unternehmens auseinandersetzt. Denn soll es ist kein Rezept sein, sondern eine Inspiration für zukünftige Möglichkeiten.

Agile Software Development

Agile Software Development ist eine Methode, die von einer Gruppe von Softwareentwicklern begründet wurde, die mit ihrer traditionellen Arbeit unzufrieden waren. Normalerweise wird komplexe Software wie folgt entwickelt: Der Kunde erstellt ein Konzept mit Zielen, Anforderungen und Spezifikationen eines zu entwickelnden Systems. Der Auftragnehmer reicht ein Angebot ein. Beide sitzen zusammen und planen das Vorgehen von Anfang bis zur Fertigstellung der Software: Es werden Zwischenziele definiert, Mannstunden errechnet (wobei dies bei der Softwareerstellung recht schwierig ist – es ist eben auch immer eine Kunst und nicht nur Handwerk) –, es entstehen ein Budget und ein Zeitplan und vor allem eine extensive Dokumentation. Das

Projekt ist definiert. Dieses System scheint berechen- und vorhersehbar. Beim Kunden verändern sich aber während längerer Prozesse die Anforderungen, es muss neu geplant werden, das Projekt muss umgestellt werden, die Dokumentation neu geschrieben usw. Schlussendlich sind Softwareentwickler und Kunde fast mehr mit der Dokumentation und der Planung beschäftigt als mit der tatsächlichen Umsetzung – was keinen wirklich froh macht.

2001 schrieb eine Gruppe unzufriedener Softwareentwickler das »Agile Manifesto« (der Sage nach irgendwo auf einer Skihütte in den Rocky Mountains):

»Wir erschließen bessere Wege, Software zu entwickeln, indem wir es selbst tun und anderen dabei helfen. Durch diese Tätigkeit haben wir diese Werte zu schätzen gelernt:

- Individuen und Interaktionen mehr als Prozesse und Werkzeuge
- Funktionierende Software mehr als umfassende Dokumentation
- Zusammenarbeit mit dem Kunden mehr als Vertragsverhandlung
- Reagieren auf Veränderung mehr als das Befolgen eines Plans

Das heißt: Obwohl wir die Werte auf der rechten Seite wichtig finden, schätzen wir die Werte auf der linken Seite höher ein.« (www.agilemanifesto.com)

Die Agile-Philosophie passt sehr gut zu lösungsfokussiertem Arbeiten mit Teams in Veränderungsprozessen: Es gibt keinen von Anfang bis Ende durchgeplanten Prozess, in dem in jedem Fall bestimmte Werkzeuge eingesetzt werden, sondern wie bei lösungsfokussiertem Einzelcoaching geht es auch beim Teamcoaching darum, Lösungen gemeinsam zu erschaffen. Was auch immer das Team erarbeitet – es muss sofort und in jeder Zwischenstufe funktionieren. Wir arbeiten inkrementell und nicht mit einem Masterplan.

Wir arbeiten inkrementell und nicht mit einem Masterplan.

In der Praxis wird in Agile Software Development immer mit dem Kunden zusammengearbeitet – Vertreter des Kunden, der »User« sind präsent und testen kontinuierlich die entstehende Software. Genauso verhält es sich mit unseren Teamcoachings.

Agile Software Development arbeitet mit kurzfristigen Zielen: Die Gruppe der Entwickler und Entwicklerinnen kommt morgens zu einem kurzen Meeting zusammen und jeder erzählt, woran er oder sie arbeitet. Prioritäten werden gesetzt und besprochen. Regelmäßig finden auch Retrospektiven statt, bei denen darüber nachgedacht wird, was gut funktioniert hat und was nicht. Hier gibt es auch die Sonderform der »lösungsfokussierten Retrospektiven«, die besonders darauf achtet, dass der Blick nach vorne gerichtet bleibt. Softwareentwickler und -entwicklerinnen wollen als eher technisch begabte Menschen gerne auch analysieren, was warum falsch lief – und in Bezug auf technische Fragestellungen in einem eng gesteckten System ist das ja auch nicht falsch. Bei einer lösungsfokussierten Retrospektive hat das Platz, es wird aber sehr darauf geachtet, dass keine Schuldzuweisungen betrieben werden und dass ein entdeckter Fehler als etwas betrachtet wird, das eine gute Möglichkeit zum Lernen bietet.

Ein Format im agilen Projektmanagement ist das sogenannte »Scrum«, welches sich vor allen Dingen für den Umgang mit komplexen Projekten eignet, die schwer vorhersehbar und nicht planbar sind. Der Ablauf ist wie folgt:

Zunächst wird ein Product Backlog mit den Prioritäten und abgeschätzten Projektanforderungen erstellt. Dieses Product Backlog kann jederzeit verändert werden.

In einem nächsten Schritt werden die Aufgaben des Product Backlog analysiert und in kleinere, umsetzbare Aufgaben aufgeteilt. Diese werden dann priorisiert. Der Fortschritt wird im sogenannten Sprint Backlog festgehalten.

Das Team arbeitet nun selbstorganisiert die im Sprint Backlog aufgelisteten Aufgaben ab. Ein Sprint dauert 30 Tage. Danach existiert ein jeweils funktionsfähiges Ergebnis.

Jeden Tag findet ein »Daily Scrum« statt. Scrum ist ursprünglich ein Begriff aus dem Rugby – das Gedränge von Spielern, wenn sie den Ball nach vorne geben. In Scrum beim agilen Projektmanagement findet eine tägliche Synchronisation statt: Was war gestern? Was soll heute passieren? Welche Probleme traten auf?

Nach dem Sprint wird im sogenannten Sprint Review dem Kunden und allen Projektbeteiligten die entstandene Version des Ergebnisses präsentiert. Es werden Korrekturen und neue Ideen für den nächsten Sprint vorgenommen.

In der Sprint-Retrospektive arbeitet dann das Team an den Lernerfahrungen aus dem letzten Sprint. Diese Methode ist vor allen Dingen bei Projekten in der Softwareentwicklung oder anderen technischen Projekten beliebt und bekannt. Für eine französische Großbank haben wir einmal eine Seminarreihe zur interkulturellen Kommunikation erstellt. Im Rahmen dieses Projektes konnten wir auch mit französischen Vorgesetzten von indischen Softwareentwicklern sprechen: Die Einzigen, die von einem großen Erfolg berichtet haben, waren diejenigen, die mit Scrum gearbeitet hatten.

Wir können uns aber auch vorstellen, dass eine ähnliche Methodik auch für andere Projekte jenseits des technologischen Bereichs verwendet werden kann – hier steckt die Entwicklung aber noch in den Kinderschuhen.

Zusammenfassung

Ein einfacher Prozess

- Auftragsklärung
- Interviews
- Bericht
- Workshops
- Follow-up

SolutionCircle

- Rahmen klären
- Erwartungen und Ziele
- Brennpunkte
- Sternstunden
- Futur Perfekt
- Scaling Dance
- Maßnahmen
- Persönlicher Auftrag

Reteaming

- Den Traum beschreiben
- Ein Ziel identifizieren
- Unterstützer einbinden
- Den Nutzen der Zielerreichung beschreiben
- Schon gemachten Fortschritt erkennen
- Sich den weiteren Fortschritt vorstellen
- Anerkennen, dass es nicht einfach wird
- Gründe für die Zuversicht identifizieren
- Sich verpflichten Schritte nachverfolgen
- Mit Rückschlägen umgehen
- Den Erfolg feiern und sich bei den Unterstützern bedanken

Twin Star

- Wertschätzung
- Spaß (und Humor)
- Erfolg
- Anteilnahme (und gegenseitige Beachtung)
- Probleme (und die Diskussion darüber)
- Kränkungen (kränken und gekränkt werden)
- Rückschläge (und andere Misserfolge)
- Kritik (kritisieren und kritisiert werden)

PET

- Zielsetzung
- Wer sind die wichtigsten Beteiligten / Stakeholder?
- What do you have to get right?
- Was funktioniert schon? (Kleingruppen – jede ein Flipchart)
- Futur Perfekt
- Skala (1 bis Wunder)
- Action Plan

Agile und Scrum

- Product Backlog
- Sprint Backlog
- Sprint
- Daily Scrum
- Sprint Review
- Sprint-Retrospektive

Mögliche Schwierigkeiten

Im Folgenden möchten wir einige Schwierigkeiten beschreiben, die im Umgang mit Teams auftauchen können. Hier handelt es sich um seltene Vorkommnisse. Es ist vielleicht trotzdem gut zu wissen, wie man mit diesen Schwierigkeiten umgehen kann. Ich möchte aber auch ein kleines Wort der Warnung aussprechen: Gerade wenn man als Teamcoach noch nicht viele Teamcoachings geleitet hat, kann man seine Aufmerksamkeit zu stark auf mögliche Schwierigkeiten richten. Manchmal verstärkt man durch die eigene Aufmerksamkeit oder Ängstlichkeit seine eigene Wahrnehmung möglicher Schwierigkeiten. Genau das ist es aber, was man als Teamcoach zu vermeiden sucht. Lesen Sie also Hinweise zum Umgang mit Schwierigkeiten, packen Sie sich diese in Ihren Rucksack für alle Fälle und vergessen Sie sofort, dass es schwierige Situationen gibt. So sind Sie auf der einen Seite gerüstet und auf der anderen Seite gelassen und in fröhlicher Erwartung des nächsten Teamcoachings.

Lösungsfokussiert ist natürlich kein Teilnehmer »schwierig«.

Umgang mit »schwierigen Teilnehmern«

Lösungsfokussiert gesehen ist natürlich kein Teilnehmer »schwierig«. Wie oben schon erwähnt deuten wir jedes Teilnehmerverhalten als Kooperationsangebot. Natürlich haben wir trotzdem hin und wieder die Wahrnehmung, dass ein Teilnehmer »stört«. Manchmal scheint es uns auch so, als habe die Gruppe den Eindruck, dass ein Teilnehmer »stört«. So müssen wir als Teamcoach unsere eigene Wahrnehmung umdefinieren und nachfragen, welche positive Intention hinter dem als störend empfundenen Verhalten steckt. Manchmal müssen wir auch der Gruppe oder dem als störend empfundenen Teilnehmer helfen herauszufinden, was sie oder er braucht oder was geschehen muss, damit das Umfeld so ist, dass niemand mehr »stören« muss. Hierzu verwenden wir hauptsächlich die Fragestellung: »Was anstatt?«

»Negative Teilnehmer«

Es gibt Teilnehmer, die einem Teamcoaching gegenüber sehr kritisch eingestellt sind. Sie glauben nicht, dass hier etwas Nützliches passieren kann. Diese Erwartung möchte dann natürlich im Teamcoaching bestätigt werden. Jeder Vorschlag ist nicht gut genug, und jede Aktivität steht unter dem Verdacht Zeitverschwendung zu sein.

Beispiel 18: **Der negative Ingenieur**

Bei der Moderation eines Strategieprozesses für eine Ingenieurfirma waren die wichtigsten Beteiligten eingeladen, sich Gedanken über die zukünftige Kommunikationsstrategie zu machen. Die Teilnehmer kamen aus aller Herren Länder. Wir begannen mit der Zielsetzung: »Was muss heute hier passieren, damit es sich für Sie gelohnt hat, an diesem Workshop teilzunehmen?« Alle bis auf den deutschen Ingenieur beantworteten die Frage. Er sagte, dass doch in der Einladung gestanden habe, warum man sich hier trifft. Er habe keine Lust auf Spielchen, es ginge doch schließlich um eine ernste Sache. Auf die Nachfrage, was anstatt Spielchen denn passieren müsste, antwortete er, dass ernsthaft gearbeitet werden müsse und nicht so viel Zeit mit irgendwelchem Trainer- und Moderationsblabla verloren würde. Ich fragte noch nach, woran denn ernsthafte Arbeit zu erkennen sei, aber das war für den Ingenieur schon zu viel. Er wollte nichts mehr sagen. Ich holte sein Einverständnis ein, mit dem geplanten Programm weiterzumachen. Der Rest der Gruppe schien das Vorgehen äußerst interessant und produktiv zu finden – unser Ingenieur war aber nicht zu begeistern.

Ich fragte mich, was er wohl braucht, um leichter teilnehmen zu können, und was ihm wichtig ist. Da er mir das nicht sagen wollte, war das etwas schwierig. Außerdem wollte ich nicht meine ganze Energie auf den einen »negativen Teilnehmer« verwenden, die dann der Gruppe nicht mehr zur Verfügung steht. Mir fiel glücklicherweise noch ein, dass es sich um einen erfahrenen, erwachsenen Mann handelt, der sicher einen Sinn in seinem Vorgehen und Verhalten sieht. Also arbeitete ich mit der Gruppe weiter und ignorierte zunächst die grummeligen Bemerkungen aus der Ecke des Ingenieurs.

In der Pause sprach ich mit ihm. Ich bestätigte, dass es auch mir wichtig ist, einen möglichst effektiven Tag mit der Gruppe zu gestalten. Ich sagte, dass ich wahrgenommen hätte, dass er auch sehr an einem effizienten und zielorientierten Vorgehen interessiert ist. Vielleicht aber hätten wir unterschiedliche Vorstellungen davon – wie es eigentlich ganz natürlich ist. Hier stimmte er mir zu. Ich bat ihn, etwas Geduld zu haben, aber genau darauf zu achten, wenn etwas seiner Meinung nach sinnlos ist oder es einen besseren Vorschlag gibt. Es sei wichtig in einer Gruppe, jemanden dabei zu haben, der sich nicht scheut, seine Meinung zu sagen und das Vorgehen kritisch hinterfragt. Im Laufe des Tages kamen dann einige gute Vorschläge von dem Mann, die von mir und auch der Gruppe konstruktiv aufgenommen wurden.

Kritischen Teilnehmern die Aufgabe kritischer Teilnehmer zu geben, ist manchmal eine gute Chance. Auf der einen Seite ändert sich die Wahrnehmung des Coaches – von »der stört« zu »er hat eine originelle Art und Weise seine Kooperation zu zeigen«. Auf der anderen Seite fühlt sich der kritische Teilnehmer ernst genommen und in seinen Bedenken und Bedürfnissen wertgeschätzt.

Man muss natürlich aufpassen. Manchmal ist es tatsächlich so, dass das, was wir tun, keinen Sinn macht. Vielleicht haben wir nicht gut genug verstanden, worum es dem Team geht. Vielleicht haben wir auch fehlerhafte Informationen vom Unternehmen oder von der Personalentwicklung erhalten. Dann muss neu überlegt werden. Man sollte ein solches »Reframing« von Kritik durch Teilnehmer nicht als Moderationstrick sehen, sondern als das ehrliche Bemühen, herauszufinden, was für das Team jetzt nützlich sein kann. Und wenn das etwas anderes ist, als geplant war, muss der Moderator oder die Moderatorin eben flexibel reagieren und den Plan ändern.

Ein weiterer Fallstrick ist, dass es manchmal tatsächlich derart unterschiedliche Interessen in Teams gibt, dass es für einen Teilnehmer mehr Sinn machen kann, das Vorgehen zu sabotieren, als produktiv mitzuarbeiten. Wir möchten nicht sagen, dass es eine gute Idee ist, von Anfang an mit diesem

Fokus in ein Teamcoaching zu gehen – dies wird leicht zur sich selbst erfüllenden Prophezeiung. Unserer Erfahrung nach macht es Sinn, in Situationen, in denen man das Gefühl hat, dass wirklich keine gemeinsamen Interessen bestehen, noch einmal auf die Zielklärung zurückzugehen. Man fragt die Gruppe: »Wenn sich dieser Workshop für Sie persönlich lohnt, was ist dann besser? Was noch?« Vielleicht ist es auch nützlich, diese Frage zunächst individuell zu stellen und von jedem Einzelnen auf Moderationskärtchen beantworten zu lassen. Es wird erst dann weitergearbeitet, wenn ein Ziel im Raum steht, das für jedes Teammitglied lohnend erscheint. Im schlimmsten Fall ist das einzige Ergebnis des Workshops das, dass nicht genügend Zielübereinstimmung herrscht, um weiterzumachen. Aber auch das ist eine wertvolle Information, mit der man dann umgehen kann. Hier würden wir mit der Personalabteilung und der Teamleitung noch einmal sprechen, was passieren muss, damit das Team über ausreichend übereinstimmende Ziele verfügt. Vielleicht kann man auch etwas an den Rahmenbedingungen ändern.

»Negative Gruppe« – Mandated Teams

Manchmal hat man als Teamcoach das Gefühl, dass die ganze Gruppe negativ eingestellt ist. Dies passiert selten, wenn die Auftragsklärung mit den Teammitgliedern vorgenommen wurde. Die Fälle, bei denen wir vor einer negativen Gruppe standen, waren ausschließlich Fälle, in denen jemand anders die Idee hatte, dass ein Coaching oder ein Training notwendig ist und die Teilnehmer aber anderer Meinung waren.

Beispiel 19: **Die neue Sau**

Ganz am Anfang meiner Trainingstätigkeit übernahm ich Präsentationstrainings und -coachings für eine Vertriebsmannschaft. Der Chef hatte einen meiner Netzwerkpartner angesprochen und über »die absolut mangelhaften Präsentationskenntnisse« seines Teams geschimpft. Was mein Netzwerkpartner nicht wusste war, dass dieser Chef als cholerisch und überkritisch wahrgenommen wurde. Er war im ganzen Unternehmen unbeliebt, weil er nur seine eigene Kompetenz sah und alle anderen für komplett unfähig hielt.

Mein Netzwerkpartner rief mich an und fragte, ob ich für ihn diese standardisierten Präsentationstrainings mit anschließendem Coaching für das Vertriebsteam übernehmen würde. Er hätte zu viele Aufträge. Als Berufsanfängerin war ich natürlich froh über einen so leicht abzuarbeitenden und großen Auftrag. Ich ging davon aus, dass die Auftragsklärung mit der Personalentwicklung und einzelnen Vertriebsmitarbeitern stattgefunden hatte, und begab mich so zum ersten Training. Die Überraschung war groß, als ich in eine Runde versteinerter Gesichter blickte. »Na dann wollen wir doch mal sehen, welche Sau unser Chef dieses Mal durchs Dorf treibt!« Es folgte höhnisches Gelächter. »Wissen Sie eigentlich, wie viele Jahre Präsentationserfahrung hier im Raum sitzen?« »Was wollen Sie uns schon noch beibringen?«

Ich war einigermaßen bestürzt, und ich glaube, dass die Teilnehmer das auch sahen. Möglicherweise stimmte sie dies etwas milder. In meiner Überraschung fragte ich: »Wie kommt denn dann Ihr Chef darauf, dass Sie ein Präsentationstraining brauchen?« Daraufhin kam wieder einige sarkastische Bemerkungen: »Wenn es nach unserem Chef geht brauchen wir selbst zum Hintern Abwischen noch ein Training.« Mir entfuhr: »O je – dann sind wir hier alle auf der falschen Veranstaltung!« Vielleicht war dieser Ausruf in seiner Ehrlichkeit entwaffnend. Die Teilnehmer fingen an, sich über den Chef zu beschweren und erzählten, wie schwer es auszuhalten ist, wenn man nie in seiner Kompetenz gesehen wird. Das konnte ich gut nachvollziehen – zumal ich mich ja gerade selbst in genau dieser Situation befand. Nach einer Weile war die Luft aus der Beschwerde heraus, und ich fragte die Gruppe, wie sie normalerweise mit der Situation umgehen würden.

Es kamen erste Ansätze von Arbeitsbereitschaft, und die Atmosphäre wurde deutlich produktiver. Ein Teilnehmer sagte: »Es hilft ja doch nichts, wir können das Training nicht absagen, dann kriegen wir alle nur noch mehr Ärger. Und unsere Trainerin kann ja auch nichts dafür.« Daraufhin verhandelten wir, was denn in dem Training und in den geplanten Coachings passieren könnte, das nicht eine totale Zeitverschwendung wäre. Die Teilnehmer zeigten sich interessiert an gegen-

seitigem Feedback und auch an Videoaufnahmen (für die ich mir meine erste Videokamera kaufte). Es entstand so etwas wie ein »Geheimbündnis für trotzdem Lernen«.

Ich fragte die Gruppe, ob sie irgendwann ihrer Führungskraft rückmelden möchte, welche Konsequenzen ihr Verhalten hat. Es hatten sich aber alle damit abgefunden, und niemand hatte die Zuversicht, dass sich hier noch etwas ändern können. Die einzige positive Wirkung, die ich für das Team im Unternehmen noch erreichen konnte war die, dass ich immer sehr positive Rückmeldungen über das Engagement und die Leistung der Vertriebsmannschaft weitergegeben habe.

So schwer es einem auch fällt, selbst das »negative« Verhalten als Kooperationsangebot zu sehen, so einfacher wird es, wenn man es tut. Wenigstens ist die Gruppe ehrlich und ermöglicht es so, dass eine Kommunikation und Verständigung mit dem Teamcoach erfolgen kann. In solchen Situationen ist eine große Gefahr, als Teamcoach das Verhalten des Teams persönlich zu nehmen. Selbst in dem unwahrscheinlichen Fall, dass man selbst den Fehler gemacht hat, den Auftrag nicht richtig verstanden oder Bedenken nicht ernst genug genommen zu haben, ist es immer noch besser, dies vor einer Maßnahme zu erkennen und verbessern zu können, als mehrere Tage mit etwas zu verbringen, das überhaupt keinen Sinn macht. Wir empfinden eine hohe Verantwortung für die Lebenszeit unserer Klienten, die wir mit unseren Maßnahmen binden. 10 mal 16 Stunden bei einem zweitägigen Workshop sind 160 Lebensstunden – 6,6666 Tage. Die möchten wir niemandem klauen.

So schwer es einem auch fällt, selbst das »negative« Verhalten als Kooperationsangebot zu sehen, so einfacher wird es, wenn man es tut.

Bei »Mandated Teams«, also Teams, die vom Vorgesetzten oder der Personalentwicklung oder jemand anderen zu einem Teamcoaching geschickt wurden, die aber selbst keinen Bedarf für sich sehen, kann man die gleichen Werkzeuge anwenden wie bei Einzelklienten. Es ist wichtig herauszufinden, was die Klienten erreichen möchten, wenn schon nicht das, was vom ursprünglichen Auftraggeber gewünscht wurde. Eine nützliche Frage für den Teamcoach ist hier: »Wer ist Kunde für was?«

Anders als bei Einzelklienten kann es natürlich im Team sein, dass unterschiedliche Bereitschaft besteht, ein Ziel für das Coaching zu entwickeln. Hier sollte man sensibel darauf achten, alle mitzunehmen. Wenn man zu schnell vorgeht, könnte man diejenigen verlieren, die überhaupt kein Interesse an der Veranstaltung haben – geht man zu langsam vor und richtet sich nur nach denen, die keine Bereitschaft haben, dann verliert man diejenigen, die schon einen Sinn der Veranstaltung erkennen. Es gab bei uns auch schon Veranstaltungen, wo diejenigen, die überhaupt keinen Sinn sahen, sich einen anderen Platz gesucht haben und an Dingen gearbeitet haben, die für sie gerade wichtig und sinnvoll waren. Wenn möglich haben wir das telefonisch – ohne Namensnennung – mit den ursprünglichen Auftraggebern abgesprochen. Wenn Telefonate nicht möglich sind, sind wir lieber mutig und erlauben unseren Teilnehmern, sich in einer Weise zu beschäftigen, die für sie Sinn macht, als dass wir ihre Zeit verschwenden.

Andere mögliche Schwierigkeiten

Angriff auf den Coach

In 16 Jahren Berufserfahrung haben wir zweimal erlebt, dass sich Teilnehmer in ihrer Frustration nicht anders zu helfen wussten, als uns als Teamcoachs anzugreifen. Der Ton wurde scharf, und man hatte das Gefühl, dass es nur noch darum ging zu beweisen, dass der Teamcoach ein Riesenidiot ist. In solchen Situationen fällt es sehr schwer, die Ruhe zu bewahren, die eigene Stresssituation auszublenden und ein Kooperationsangebot wahrzunehmen, das so offensichtlich nicht da ist. Auch hier hilft es, sich daran zu erinnern, dass man selbst eben kein Riesenidiot ist und mit den Teilnehmern im gleichen Boot sitzt. Solche Situationen kommen möglicherweise in der lösungsfokussierten Therapie weniger vor – wer zu einem Therapeuten geht, hat meist ein Anliegen und glaubt auch, dass dieser dieses Anliegen mit ihm bewältigen kann. Es stellt sich weniger die Frage nach Kompetenz oder Inkompetenz. Wer seinen Therapeuten für inkompetent hält, wechselt ihn zumeist.

Beispiel 20: **Der Trainer als Idiot**

Herr Grabert war beleidigt. Schon wieder so ein blödes Coaching. Dabei hatte er den ganzen Schreibtisch voll wichtiger Arbeit, es war kurz vor Jahresende und sein Bonus hing davon ab, einen wichtigen Deal noch abschließen zu können. Vielleicht ließ sich die Sache ja abkürzen, wenn auch die Trainerin keine Lust hat, dieses Coaching fortzuführen. Mit Eisesmiene betrat er den Seminarraum, in dem viele seiner Kollegen schon warteten. Auch sie wären sicher froh, wenn sich dies hier abkürzen ließe. Nach der Begrüßung durch den Teamcoach entstand folgender Dialog:

Teamcoach: »Ich habe mir die Protokolle von unseren letzten Coaching noch einmal angesehen …«

Grabert: »Ach ja – und haben Sie etwas verstanden? Mir schien das nicht so. Geben Sie es doch zu – Sie haben von unserem Business keine Ahnung. Sie sind hier nur als Trainingsmaus im Anzug und räumen fette Tagessätze ab.«

Übung 9: **Der Trainer als Idiot**

Überlegen Sie sich, was Sie in einer solchen Situation – wie auch immer sie entstanden sein mag – antworten würden. Identifizieren Sie mindestens sieben Möglichkeiten, damit Sie vorbereitet sind, falls Sie je in so eine Lage geraten. Seien Sie aber zunächst versichert, dass ein derartiger Konflikt selten mit Ihrer Qualifikation als Coach zu tun hat und eher ein Ergebnis von misslichen Interaktionen ist.

Hier sind unsere sieben Möglichkeiten:

Gegenangriff

Wie? Ein lösungsfokussierter Coach geht in die Offensive? Das kann doch nicht wahr sein! Ich denke, es geht um Kooperation! Es gibt Kulturen, auch Geschäftskulturen, in denen die lösungsfokussierte »Aikido«-Methode der sanften und produktiven Interaktion als weich und nicht ernstzunehmen gilt. Ein Teamcoach, der oder die einen solchen Angriff nicht aushalten und parieren kann, wird es schwer haben, noch produktiv etwas zu erreichen. Insofern kann ein Gegenangriff manchmal Sinn machen. Man muss nur darauf achten, danach wieder in die Kooperation zurückzufinden. Es ist wie ein Ritual, ein Duell: Jeder lässt kurz die Waffen blitzen. Nachdem geklärt ist, dass es sich um einen ernstzunehmenden Gegner handelt, dass man zur gleichen Räuberbande gehört, kann man auch zusammen den nächsten Überfall planen. In einem Konflikt-Coaching in Dubai erklärte uns einstimmig die Gruppe, dass ein erster Schritt in einem Konflikt auch sein kann, den anderen ordentlich anzuschreien und herunterzumachen. Dies schaffe Respekt und Kooperationsbereitschaft. Natürlich ist das nicht unsere präferierte Lösung, aber wenn es denn sein soll, warum nicht? In unserem Fall könnte das so aussehen:

Ein Teamcoach, der oder die einen solchen Angriff nicht aushalten und parieren kann, wird es schwer haben, noch produktiv etwas zu erreichen.

> *Grabert: »Ach ja – und haben Sie etwas verstanden? Mir schien das nicht so. Geben Sie es doch zu – Sie haben von unserem Business keine Ahnung. Sie sind hier nur als Trainingsmaus im Anzug und räumen fette Tagessätze ab.«*
>
> *Teamcoach: »Wenn ich mich von solchen Kommentaren beeindrucken ließe, hätte ich tatsächlich vom Business keine Ahnung – haben Sie noch so einen auf Lager?«*

Columbo Methode

Peter Falk als Columbo ist einer der Fernsehklassiker, den viele über 30-Jährigen schätzen. Der leicht vertrottelte Inspektor löste viele Fälle, indem er nach dem vermeintlichen Ende einer Befragung noch einmal mit gestreckten Zeigefinger und gespielter Verwirrung auf den Verdächtigen zurückkam und die entscheidende Frage stellte. Diese gespielte Verwirrung heißt deswegen die »Columbo-Methode.« Diese Methode funktioniert vor allen Dingen deswegen gut, weil sie eine Alternative zum instinktiven »Kämpfen oder Fliehen«, das uns als Verhaltensmuster in Stresssituationen gerne einholt, bietet.

> *Grabert: »Ach ja – und haben Sie etwas verstanden? Mir schien das nicht so. Geben Sie es doch zu – Sie haben von unserem Business keine Ahnung. Sie sind hier nur als Trainingsmaus im Anzug und räumen fette Tagessätze ab.«*
>
> *Teamcoach: »Ääh ... ja ... also ... meinen Anzug finde ich ja auch hübsch. Ich bin jetzt etwas verwirrt. Was hat das denn mit unseren Protokollen zu tun?«*
>
> *An die anderen Teilnehmer gerichtet: »Soll ich jetzt weitermachen?«*

Nachfrage

Die traditionelle lösungsfokussierte Methode ist, zwei Schritte zurückzugehen und noch einmal nach dem Ziel zu fragen oder eine Coping-Frage zu stellen.

> *Grabert: »Ach ja – und haben Sie etwas verstanden? Mir schien das nicht so. Geben Sie es doch zu – Sie haben von unserem Business keine Ahnung. Sie sind hier nur als Trainingsmaus im Anzug und räumen fette Tagessätze ab.«*
>
> *Teamcoach: »Das tut mir leid, dass Ihnen das so vorkommt. Was können wir unter den gegebenen Umständen heute tun, damit sich für Sie die verwendete Zeit lohnt?«*

Die Frage nach der Kompetenz oder Inkompetenz des Teamcoaches wird hier nicht weiter aufgegriffen.

»Störungen gehen vor«

In der systemischen Beratung gibt es einen Spruch: »Störungen gehen vor!« Wir glauben nicht, dass es tatsächlich so ist, dass Störungen immer vorgehen. Wer so denkt, fokussiert sich schnell auf das, was zum Misserfolg eines Coachings führt, und nicht auf das, was schon gut funktioniert. Das Vorgehen, welches in systemischer Beratung daraus folgen kann und welches wir von unseren systemischen Kollegen gelernt haben, ist aber recht hilfreich. Das Verhalten des Teilnehmers wird als Störung in der Interaktion klassifiziert und somit nicht als Aggression gewertet. Eine »Störung« ist viel weniger dramatisch als ein »Konflikt« und bindet weniger Aufmerksamkeit. Es ist einfach normal, dass menschliche Beziehungen und Interaktionen manchmal gestört sind.

Das Verhalten des Teilnehmers wird als Störung in der Interaktion klassifiziert und somit nicht als Aggression gewertet.

Grabert: »Ach ja – und haben Sie etwas verstanden? Mir schien das nicht so. Geben Sie es doch zu – Sie haben von unserem Business keine Ahnung. Sie sind hier nur als Trainingsmaus im Anzug und räumen fette Tagessätze ab.«

Teamcoach: »O – da haben wir wohl eine Störung. Ich wollte eigentlich mit Ihnen gerade das Ziel dieser Sitzung besprechen, das scheint aber gerade nicht das Richtige zu sein.«

An alle gerichtet: »Mir scheint es sinnvoll, zunächst die Störung zu beseitigen, bevor wir an weiteren Ergebnissen arbeiten. Wäre das in Ordnung für alle? Herr Grabert – worum geht es Ihnen?«

Was klappt noch gut?

Eine lösungsfokussierte Möglichkeit, mit solchen »Störungen« umzugehen, ist, nach Ausnahmen und Ressourcen zu suchen. Offensichtlich gibt es wenig Zuversicht, dass in diesem Coaching etwas passieren kann, das dem Team nützlich ist. Voraussetzung für dieses Vorgehen ist, dass man die Störung als solche anerkannt und bemerkt hat.

Grabert: »Ach ja – und haben Sie etwas verstanden? Mir schien das nicht so. Geben Sie es doch zu – Sie haben von unserem Business keine Ahnung. Sie sind hier nur als Trainingsmaus im Anzug und räumen fette Tagessätze ab.«

Teamcoach: »O Mist – da scheint ja unsere Zusammenarbeit gerade nicht so gut zu funktionieren. Wenn hier aber etwas herauskommen soll, dann müssten wir schon zu einer produktiven Arbeitsbeziehung kommen und zuversichtlich sein, dass hier etwas herauskommen kann.«

An alle: »Wäre es in Ordnung, wenn wir das kurz zum Thema machen?«

Der Teamcoach nimmt ein Flipchart und notiert einer Skala von 1 bis 10. 10 bedeutet, dass das Team sehr zuversichtlich ist, dass bei dem Teamcoaching etwas herauskommen kann und 1 ist das Gegenteil. Die Teammitglieder machen nun anonym (der Teamcoach schaut aus dem Fenster) Kreuze auf der Skala.

Teamcoach: »Lassen Sie uns zunächst betrachten, warum einige nicht auf 1 sind. Was passiert in unseren Coachingsitzungen schon, sei es etwas, was ich tue, oder etwas, was das Team tut, das Ihnen Zuversicht gibt?«

Die Antworten werden auf dem Flipchart gesammelt. Danach wird nach X+1 – wieder mit dem Fokus darauf, was das Team bei X+1 tut und was der Teamcoach bei X+1 tut – gefragt.

Was soll das?

Es ist uns zwar noch nie in einem Teamcoaching passiert, aber wir kennen Situationen in unserer Arbeit mit Schülern und Auszubildenden, in denen eine Person nicht in der Lage ist sich so zu verhalten, dass sich die anderen nicht massiv gestört fühlen. Bei Erwachsenen kommt das glücklicherweise fast nie vor. Auf unser Beispiel übertragen könnte das so aussehen:

Grabert: »Ach ja – und haben Sie etwas verstanden? Mir schien das nicht so. Geben Sie es doch zu – Sie haben von unserem Business keine Ahnung. Sie sind hier nur als Trainingsmaus im Anzug und räumen fette Tagessätze ab.«

Teamcoach: »Herr Grabert, was soll das? Sie sind offensichtlich nicht bereit, hier konstruktiv mitzuarbeiten. Tun Sie doch uns allen einen Gefallen und widmen sich für den Rest der Zeit in Ihrem Büro Ihrer Arbeit. Ich schlage vor, wir besprechen dann unser weiteres Vorgehen zusammen mit Ihrem Vorgesetzten und der Personalabteilung.«

Die siebte Methode

Die siebte Methode ist die Methode »Es kommt darauf an«. Machen Sie sich noch ein paar Gedanken, mit welchen Lösungen Sie zufrieden wären, wo Sie sich wohlfühlen und was Ihnen in schwierigen Situationen wichtig ist. Sie finden dann Ihre ganz eigene »siebte Methode«.

Vielquassler

Ab und zu gibt es Menschen in Seminaren, die an Sprechdurchfall leiden. Frei nach dem Motto »Es ist alles schon gesagt, aber nicht von jedem« wiederholen sie fleißig, was an anderer Stelle schon einmal gesagt wurde oder illustrieren mit eigenen Beispielen – die keinen interessieren – das, was andere gerade erzählt haben. Den anderen Teilnehmern gehen sie auf die Nerven und manchmal sogar dem Teamcoach.

Es ist alles schon gesagt, aber nicht von jedem.

Es ist wichtig, diese beiden Dinge zu unterscheiden. Nervt der Teilnehmer oder die Teilnehmerin nur den Teamcoach, dann ist es am besten, eine Geduldstablette zu nehmen und daran zu denken, dass Arbeit eben manchmal Arbeit ist. Nervt der Teilnehmer oder die Teilnehmerin das Team, ist es vielleicht hilfreich, einen wertschätzenden Versuch zu unternehmen, das Gequatsche zu begrenzen.

Hilfreich sind hier alle Methoden, die dem Vielquassler das Publikum entziehen: Kleingruppenarbeit, Partnerarbeit oder Individualarbeit. Besonders gute Erfahrungen haben wir mit Kaskaden gemacht: Zunächst überlegt sich jeder Einzelne die Antwort auf eine Frage. Dann kondensiert man das Wichtigste aus den eigenen Überlegungen gemeinsam mit einem Partner. Als Nächstes gibt es Vierergruppen, die die wichtigsten Erkenntnisse auf maximal drei Moderationskärtchen schreiben sollen.

Wir halten nichts davon, den Vielquassler vor der Gruppe bloßzustellen. Manchmal ist es gut, in der Pause mit demjenigen etwas Zeit zu verbringen und zuzuhören. Um eine positive Sichtweise zu entwickeln hilft es, sich darüber im Klaren zu sein, dass manche Menschen durch das Aussprechen von Sachverhalten lernen. Auch der Vielquassler hat keine negative Absicht – er möchte zur Belustigung beitragen, hält seiner Erkenntnisse für wichtig und möchte sie mitteilen. Manchmal hat es auch schon genutzt, die Expertise des Vielquasslers anzuerkennen und ihn oder sie in der Pause zu bitten, sich doch in den nächsten Stunden zurückzuhalten, um auch anderen Teilnehmern die Möglichkeit zu geben, etwas zu sagen oder Pausen zum Nachdenken zu haben.

Das Aquarium

Manchmal entsteht auch das entgegengesetzte Problem. Man kommt als Coach in einen Raum, langsam trudeln die Teilnehmer ein. Außer einem knappen »Guten Morgen« wird nicht gesprochen. Auch die Antworten auf die Fragen des Teamcoaches fallen eher knapp aus, und es gibt lange Pausen. Man hat das Gefühl, in einem Goldfischglas zu sitzen.

Übung 10: **We have ways of making you talk ...**

Sie haben jetzt schon ein bisschen Übung im Ausdenken von möglichen Reaktionen. Denken Sie sich mindestens vier Arten aus, die Teilnehmer zum Teilnehmen zu bewegen.

____

____

____

____

____

____

____

____

____

Partnerarbeit oder Kleingruppen

Sie denken sich eine gute Frage aus und bitten die Teilnehmer, diese in Kleingruppen oder Partnerarbeit zu beantworten. Geben Sie vor, wie das Ergebnis dokumentiert werden soll: auf Moderationskärtchen, in einem Rollenspiel oder auf einem Flipchart.

Verordnetes Schweigen

Der Teamcoach nimmt die »Sprache« des Teams auf und arbeitet von jetzt an nur noch pantomimisch. Er oder sie schreibt eine Frage und eine Minutenanzahl auf das Flipchart. Pantomimisch signalisiert er oder sie, dass nun alle individuell an dieser Frage arbeiten sollen. Wenn ein Teilnehmer oder eine Teilnehmerin beginnt zu sprechen, signalisiert er oder sie ihm, dass er oder sie ruhig sein soll. Nach einer Weile wollen dann bestimmt alle wieder reden.

Geduld und bis 300 zählen

Das Schweigen aushalten ist zwar nicht immer einfach, aber häufig eine gute Methode warm zu werden. Die Schwierigkeit ist häufig, dass man als Coach anfängt zu überlegen, warum die Gruppe schweigt, und sich dann in den eigenen Interpretationen verfängt. Manchmal ist es einfach gut, auf 300 zu zählen und abzuwarten, bis jemand etwas sagt. Das ist oft hilfreicher als zu versuchen, die Gruppe zu unterhalten oder selbst die Stille zu füllen.

Fragen, was los ist

Man kann auch einfach fragen, warum es so still ist. Vielleicht war gestern der jährliche Betriebsausflug, ein wichtiges Fußballspiel oder es gab andere Gründe, warum alle nicht gut geschlafen haben. Vielleicht gibt es aber auch einen wichtigen Grund, den man besprechen kann.

Umgang mit starken Emotionen

»Die ganze Welt ist eine sehr schmale Brücke und die Hauptsache ist, sich gar nicht zu fürchten« ist ein schönes altes jüdisches Sprichwort. Menschen haben starke Emotionen, wenn ihnen etwas wichtig ist. In der lösungsfokus-

Die ganze Welt ist eine sehr schmale Brücke und die Hauptsache ist, sich gar nicht zu fürchten.

sierten Arbeit blenden wir dies nicht aus, es gehört einfach dazu. Der Unterschied zu traditioneller Arbeit besteht darin, dass wir keinen Fokus auf den Ausdruck der Emotion legen. Sie sind einfach da, und meistens stören sie auch nicht besonders bei der Arbeit. Von Insoo Kim Berg wird überliefert, dass sie zu einer Frau einmal gesagt habe: »Man kann ja weinen und trotzdem nachdenken.« Wenn es also dazu kommt, dass jemand wütend oder traurig ist, ist die Aufgabe des Teamcoach, sich nicht zu fürchten, die gute Arbeitsbeziehung und das Ziel im Auge zu behalten und auf Ausnahmen und Ressourcen zu fokussieren. Die Haltung »Es ist völlig normal, dass Sie sich jetzt so fühlen. Das gibt es eben manchmal« empfinden wir als sehr hilfreich.

Beispiel 21: **Wut und Ärger**

Alles war schlechter geworden im Unternehmen. Die Bezahlung war nicht mehr so gut. Das Essen in der Kantine war nicht mehr schmackhaft. Es wurden immer mehr Leiharbeiter eingestellt und immer weniger festes Personal. Die Führungsmannschaft der Dependance eines Getränkeherstellers hatte die Nase voll. Sie wollten eigentlich ein Coaching, um ihre Mitarbeiter besser führen zu können. Immer wieder aber kam das Thema zur Sprache, dass man unter diesen Bedingungen eigentlich gar nicht führen kann. Sie waren sauer.

Nachdem es ein- oder zweimal zu einer »Motzrunde« gekommen war, fragte ich das Team, ob wir das Thema »Führung unter schwierigen Bedingungen« in unser Coaching aufnehmen sollten. Sie waren sich schnell einig, dass das nicht viel bringen würde – die wirtschaftlichen Gegebenheiten diktierten das Verhalten der Konzernleitung. Ich fragte das Team, wie wir dann damit umgehen wollen, dass es eben so ist, wie es ist und dass das Bedürfnis besteht, sich gelegentlich zu beschweren.

Wir hatten gerade zuvor darüber gesprochen, woran Mitarbeiter es erkennen, dass sie gut geführt werden. Eine Antwort war gewesen, dass die Führungskraft ihnen zuhört und auch Beschwerden und Sorgen anerkennt. Das Team hatte es »Die Führungskraft muss auch Kummerkasten sein« genannt. Einer im Team sagte: »Wissen Sie, wir brauchen eben auch manchmal einen Kummerkasten.« Wir einigten uns dann darauf, dass auch ab und zu im Teamcoaching über die Situation gemotzt werden darf. Ich als Teamcoach solle geduldig zuhören und darauf achten, dass diese Motzrunden nicht länger als fünf Minuten dauern.

Zusammenfassung

Negative Teilnehmer

- Kooperationsangebot wahrnehmen
- Die Rolle des Kritikers anbieten

Mandated Teams

- »Wer ist Kunde für was?«
- Zielklärung

Angriff auf den Coach

- Gegenangriff
- Columbo-Methode
- Nachfragen
- Störungen gehen vor
- Was klappt noch gut?
- Was soll das?
- Die siebte Methode

Der Vielquasssler

- Publikum entziehen
- Kooperationsangebot wahrnehmen

- Gespräch in der Pause
- Das Aquarium
- Partner- oder Kleingruppenarbeit
- Verordnetes Schweigen
- Geduld und bis 300 zählen
- Fragen, was los ist

Starke Emotionen

- Ernst nehmen und würdigen
- Sich nicht fürchten
- Weiterarbeiten

Auftragsanlässe

Konflikt

Grundsätzliches

Wenn es innerhalb eines Teamcoachings zu Konflikten zwischen den Teilnehmern kommt oder der Konflikt Anlass für den Auftrag ist, ist zunächst eine wichtige Frage, mit wem dieser Konflikt gelöst werden soll. Nimmt man die Konfliktparteien aus dem Team heraus, so signalisiert man damit, dass die restlichen Teammitglieder nichts damit zu tun haben. Die beiden Konfliktparteien »sind das Problem«. Bespricht man den Konflikt in der Gesamtgruppe, so läuft man Gefahr, dass die beiden Konfliktparteien vor der ganzen Gruppe das Gesicht verlieren. Es kann auch sein, dass ein isolierter Konflikt, der mit der Gesamtgruppe wenig zu tun hat, zu viel Aufmerksamkeit von den Themen des Gesamtteams abzieht. Es ist sehr schwer zu sagen, für welches Vorgehen man sich entscheiden soll. Wahrscheinlich ist es einfach gut, diese möglichen Dynamiken im Blick zu behalten. Wie bei jedem Teamcoaching auch, ist es bei Konflikten im Teamcoaching besonders wichtig, dass der Coach multiparteilich bleibt. Jedes Teammitglied sollte davon ausgehen können, dass der oder die Coach auf seiner oder ihrer Seite steht. Dies gelingt am einfachsten, wenn der Coach Verständnis für die unterschiedlichen Wahrnehmungen hat und diese nicht beurteilt: Es ist so, wie es ist. Außerdem versucht der Coach, die Sprache aller aufzunehmen und möglicherweise eine Sprache zu erfinden, bei der jeder Konfliktbeteiligter mitgehen kann. Die Ohren des Teamcoachs sind besonders auf mögliche gemeinsame Ziele, Ausnahmen und Ressourcen geschärft. Hier ist ein Beispiel, bei dem am Ende eines Teamcoachings ein Konflikt noch einmal zu einer verbesserten Lösung führte.

Eine wichtige Frage: Mit wem soll der Konflikt gelöst werden?

Beispiel 22: ***Das Leben ist kein Ponyhof***

Frau Müller fühlt sich benachteiligt. Immer bekam Frau Faber die interessanteren Projekte und sie musste sich hauptsächlich um die IT (Datenbanken erstellen und Projektdokumentation) kümmern. Frau Faber hatte zwar versprochen, sich von Frau Müller einweisen zu lassen, damit auch sie diese Aufgaben erledigen kann, dazu war es aber in den letzten zwei Jahren einfach nicht gekommen. Im Teamcoaching war es um die Strategie für das nächste Jahr gegangen, wie wer mit wem zusammenarbeiten sollte und welches die Prioritäten sein sollten. Frau Müller hatte während des ganzen Prozesses nicht über ihr Interesse, auch einmal etwas anderes zu tun, gesprochen. Sie schien zwar zurückhaltend, aber durchaus an einem Ergebnis interessiert. Sie arbeitete mit. Bei der abschließenden Aufteilung der Aufgabengebiete gingen alle wie selbstverständlich davon aus, dass die Dokumentation und die Erstellung der Datenbanken wieder von Frau Müller erledigt werden würden. Da platzte ihr der Kragen:

Frau Müller: *»Na klar, wieder ich! Super! Ich werde wohl mein ganzes Leben lang irgendwelche blöden Datenbanken programmieren, nur weil alle anderen zu faul und zu blöd sind, das zu lernen. Frau Faber – Sie haben mir das doch schon ewig versprochen, dass Sie sich das einmal von mir zeigen lassen. Ich habe jetzt echt die Nase voll!«*

Frau Faber: *»Frau Müller, Sie wissen doch ganz genau, dass ich überhaupt keine Zeit hatte, mich einzuarbeiten. Meinen Sie, uns macht es Spaß, wenn wir Sie um die Erstellung einer Datenbank bitten müssen und Ihr griesgrämiges Gesicht dabei sehen. Das Leben ist kein Ponyhof!«*

Chef: *»Aber Frau Müller, Frau Faber – darum geht es doch hier wirklich nicht!«*

Teamcoach: *»Moment!!! Lassen Sie mich einmal sehen, ob ich das richtig verstanden habe: Frau Müller, Sie möchten bei der Aufgabenverteilung berücksichtigt sehen, dass Sie auch andere Dinge tun möchten als die Datenbankprogrammierung?«*

Frau Müller: *»Genau, … aber …«*

Teamcoach *(unterbricht): »O.k., gut. Frau Faber, empfinde ich das richtig, dass es Ihnen auch wichtig ist, anzuerkennen, dass jeder einmal in den sauren Apfel beißen und Dinge tun muss, die ihm eben nicht liegen, ohne den anderen dabei mit schlechter Laune auf die Nerven zu gehen?«*

Frau Faber: *»Ja, richtig und Frau Müller ist eben ...«*

Teamcoach *(unterbricht): »Wir haben jetzt noch etwa 1,5 Stunden Zeit. Ich denke nicht, dass wir hier genug Zeit haben um das, was in der Vergangenheit schief gelaufen ist, aufzuarbeiten. Aber wir können ja schauen, dass es für alle Beteiligten in Zukunft etwas besser wird. Entschuldigen Sie also, wenn ich Sie hier ein wenig abrupt unterbrochen habe – wir können das gerne später noch einmal in einem Dreiergespräch aufgreifen, wenn Sie möchten. Aber lassen Sie uns die Zeit nutzen, um für alle eine gute Aufgabenverteilung zu erreichen, ja?«*

Frau Faber und Frau Müller: *»Stimmt ja ... o.k., nee ... Entschuldigung ... Hauptsache, wir kriegen es in Zukunft besser hin.«*

Teamcoach: *»Die Aufgabenverteilung, wie sie gerade vorgeschlagen wurde, scheint nicht unbedingt die optimale zu sein. Wie sieht es bei den anderen Teammitgliedern aus: Wäre es o.k., wenn wir noch ein wenig Zeit darauf verwenden würden, zu überlegen, welche Kriterien für Sie eine gute Aufgabenverteilung erfüllen müsste? Es wäre ja schön, wenn alle wirklich größtenteils mit Freude an die Arbeit gehen könnten.«*

Team: *»Ja, ja ... o.k. ... stimmt schon.«*

Teamcoach: *»Herr Chef, ist das auch für Sie o.k.?«*

Chef: *»Na, ja, so, wie wir es bis jetzt hatten, scheint es ja nicht wirklich zu funktionieren.«*

Teamcoach: *»Dann machen wir das kurz und schmerzlos. Wir haben ja den ganzen Tag schon mit Skalen gearbeitet – lassen Sie uns erst definieren, was die 10 einer guten Aufgabenverteilung ist. Dann schauen wir, was davon alles schon gut läuft, und überlegen, welches die nächsten Schritte für eine noch bessere Aufgabenverteilung sein können. In Ordnung?«*

Team: *»O. k., machen wir.«*

Teamcoach: *»Lassen Sie uns damit 45 Minuten verbringen, dann haben wir noch 45 Minuten für die weitere Aufgabenverteilung.«*

Team: *»O. k., dann aber los.«*

Teamcoach: *»Nehmen Sie sich doch bitte jeder fünf Haftnotizzettel und schreiben auf, welche fünf Kriterien Ihnen bei einer guten Aufgabenverteilung in ihrem Team wichtig sind. Woran würden Sie merken, dass die Aufgabenverteilung eine 10 auf der Skala ist?«*

Das Team arbeitete 40 Minuten, fand heraus, dass viele der Kriterien für eine gute Aufgabenverteilung (Orientierung an den Kompetenzen der Mitarbeiter, Klarheit über die Prioritäten, Absprachen bei Änderung usw.) schon erfüllt waren. Das, was noch nicht funktionierte, war die gegenseitige Einarbeitung und Vertretung. Auch trauten sich die Teammitglieder wenig, darüber zu reden, was ihnen liegt und was sie lieber oder weniger gern machen. Es schien, dass schon allein durch die Aussprache darüber für die Zukunft die Möglichkeit geschaffen war, solche Dinge auch anzusprechen. Das ganze Team war froh über die neue Lösung.

Teamcoach: *»Ich bin sehr beeindruckt, wie sensibel Sie hier miteinander umgehen möchten. Es ist Ihnen nicht nur wichtig, dass die Arbeit professionell und gut erledigt und aufgeteilt wird, sondern Sie möchten auch auf individuelle Vorlieben Rücksicht nehmen. Vielen Dank Frau Müller und Frau Faber, dass Sie diese Diskussion ermöglicht haben. Wenn das nicht angesprochen worden wäre, wäre das Ergebnis sicherlich nicht so gut.«*

Schritte der Konfliktmediation

Genauso wenig wie Teamcoachings laufen Konfliktmediationen immer nach dem gleichen Schema ab. Das Vorgehen muss immer den Beteiligten angepasst werden und kein Schritt muss notwendig nach dem anderen vorgenommen werden. Es kann auch sein, dass man eine Schleife dreht und auf einen Schritt zurückkommt, bei dem man schon war. Das Thema lösungsfokussiertes Konfliktmanagement ist von Fredrike Bannink in ihrem wundervollen Buch »Praxis der Lösungsfokussierten Mediation« (Bannink, F., 2010) behandelt worden. Hier sind einige mögliche Schritte, die sie auch so oder ähnlich benennt:

»Was muss heute gesagt werden, damit Sie danach ein gutes und zukunftsorientiertes Gespräch führen können?«

Arbeitsbeziehung herstellen

Im Konfliktfall ist es besonders wichtig, eine brauchbare Arbeitsbeziehung herzustellen – nicht nur zwischen Coach und den Konfliktparteien, sondern auch zwischen den Konfliktparteien selbst. Das ist manchmal nicht einfach. Kränkungen und verletzte Gefühle verhindern, dass die Konfliktparteien Zuversicht gewinnen, dass es eine gute Lösung geben kann. Drama und Konflikte ziehen unsere Aufmerksamkeit magisch an. Erinnern Sie sich einmal an Ihren letzten Konflikt und daran, wie schwer es ist, seine Gedanken etwas anderem zuzuwenden. Es ist, als habe man sich mit dem Gedanken an den Konflikt einen Kannibalen ins Gehirn gesetzt, der alles auffrisst, was noch an Gedanken auftauchen könnte.

Drama und Konflikte ziehen unsere Aufmerksamkeit magisch an.

Neben den normalen lösungsfokussierten Möglichkeiten, eine gute Arbeitsbeziehung herzustellen – wie normalisieren (es ist ganz natürlich, dass jeder sich so fühlt wie er oder sie sich gerade fühlt), die Sprache der Klienten sprechen, das Problem anerkennen und würdigen, Coping-Fragen – stellen, hat Fredrike Bannink noch eine weitere Methode entwickelt. Sie nennt sie die »Maori-Methode.« Bei den Maori ist es scheinbar üblich, dass am Anfang einer Versammlung jeder einmal die Möglichkeit bekommt, einen Redebeitrag zu leisten. Danach muss er oder sie zuhören, bis alle anderen mit ihrem Redebeitrag dran waren. Das führt dazu, dass sich alle auf das beschränken, was wesentlich für sie ist und niemand allzu ausfällig wird, denn die anderen können ja auch darauf reagieren, ohne dass derjenige sich wehren kann. Eine lösungsfokussierte Frage zur »Maori-Methode« ist: »Was muss heute gesagt werden, damit Sie danach ein gutes und zukunftsorientiertes Gespräch führen können?«

Ziel – Ziel hinter dem Ziel

»Was ist besser für die Konfliktbeteiligten, wenn der Konflikt nicht mehr da ist?« – mit dieser oder ähnlichen zukunftsorientierten Fragen versuchen wir herauszufinden, wie die Welt für die Beteiligten aussieht, wenn der Konflikt verschwunden ist. Es geht darum, den Blick wieder auf das zu wenden, was außerhalb des Konflikts noch da ist, was Hoffnung geben kann, dass es ein Leben ohne ihn gibt. Das geht nur, wenn wir beschreiben können, was dann anstatt dessen da ist. Fragen sind z. B.:

- Angenommen Ihr Konflikt wäre weg, einfach so, wie genau sähe das aus? Was würde dann möglich? Was noch?
- Stellen Sie sich vor … Sie gehen jetzt aus diesem Meeting, es war nützlich für Sie und Sie gehen nach Hause … Sie tun, was Sie sich für den Rest des Tages noch vorgenommen haben, und werden irgendwann müde und legen sich schlafen. Mitten in der Nacht passiert ein Wunder und das Wunder ist, dass sich der Konflikt in Nichts aufgelöst hat … zack, einfach so. Da Sie schlafen, wissen Sie nicht, dass ein Wunder passiert ist – und es sagt Ihnen auch keiner. Woran bemerken Sie am nächsten Tag als Erstes, dass da ein Wunder passiert sein muss? Wer merkt es noch? Woran? Woran noch?
- Wenn Ihr Konflikt gelöst ist, was ist dann besser? Was genau? Was für Sie (Partei 1)? Was für Sie (Partei 2)? Was glauben Sie, dass dann für Partei 1 besser ist? … Was glauben Sie, dass dann für Partei 2 besser ist? … Und wenn das so ist, was ist dann noch besser?

Danach kann man mit der Zielsetzung für das anstehende Coaching anfangen: »Was müsste denn heute passieren, damit wir wenigstens einen kleinen Schritt in die richtige Richtung gehen?«

Ausnahmen und Ressourcen

Auf Basis des Ziels hinter dem Ziel kann man gut Ausnahmen und Ressourcen erfragen. Dies kann entweder durch eine Skalierung passieren, wobei 10 dann irgendwo zwischen der Erreichung des Zustands nach dem Wunder (wenn schon relativ viel Zuversicht da ist) oder »dass es ein wenig wahrscheinlicher ist, dass Sie einen kleinen Schritt machen können, um wieder gut miteinander zusammenzuarbeiten«.

Anschlussfragen können sein:

- Wann war es denn das letzte Mal ein bisschen so wie nach dem Wunder?
- Wie hoch war das auf der Skala?
- Was hat Ihnen das möglich gemacht?
- Wie genau hat sich Partei 1 oder Partei 2 in diesem Moment verhalten?
- Was haben Sie beide dazu beigetragen?
- Es gab ja auch eine Zeit vor dem Konflikt – wie war da Ihr Verhältnis?
- Was haben Sie genau getan, als es besser war?
- Woran haben Außenstehende bemerkt, dass es ein wenig besser war?
- Woran noch?

Nächste Schritte

Am Ende einer Konfliktmediation werden Experimente vereinbart, Vereinbarungen getroffen oder erste oder nächste Schritte bestimmt, die zu einer Verbesserung führen können.

Experimente

Experimente bieten gute Möglichkeiten für die Parteien, sich an eine neue Realität mit Hoffnung auf eine gute Zusammenarbeit heranzutasten. Es ist manchmal nicht einfach sich vorzustellen, dass eine Heilung der Arbeitsbeziehungen nach so viel Aufregung und Konflikten möglich und sogar schnell möglich ist. Für die Konfliktparteien fühlt es sich manchmal so an, als sei eine schnelle Lösung eine Entwertung des Leidens in der

> *Für die Konfliktparteien fühlt es sich manchmal so an, als sei eine schnelle Lösung eine Entwertung des Leidens in der Zeit des Konflikts. Aus diesem Grund sollte man als Coach eher langsam machen und auf keinen Fall mehr Zuversicht ausdrücken als die Klienten selbst.*

Zeit des Konflikts. Aus diesem Grund sollte man als Coach eher langsam vorgehen und auf keinen Fall mehr Zuversicht ausdrücken als die Klienten selbst.

Interessante Experimente können sein:

- Beobachten Sie alles, was nur ein bisschen in die richtige Richtung geht, und melden Sie es einander in der nächsten Sitzung zurück – wir müssen ja schließlich herausfinden, was genau anstatt des Konflikts da sein soll.
- Werfen Sie jeden Abend eine Münze – bei Kopf verhalten Sie sich wie immer, bei Zahl verhalten Sie sich so, als sei das Wunder schon passiert.
- Immer wenn Sie sehen, dass die andere Konfliktpartei etwas tut, das sie weiterhin tun soll, legen Sie eine kleine Blume auf deren Schreibtisch.
- Bemühen Sie sich, mindestens viermal nächste Woche etwas Positives über Ihren Kollegen anderen gegenüber zu äußern – die besondere Herausforderung ist, dass Sie es ehrlich meinen müssen.

Vereinbarungen

Wenn beide Parteien emotional nicht mehr extrem involviert und zuversichtlich sind, dass sich der Konflikt lösen lässt, können beide Vereinbarungen darüber treffen, wie Sie sich in Zukunft so verhalten, dass es nicht wieder zu einem Konflikt kommt oder der bestehende Konflikt gelöst wird.

Eine Einstiegsfrage hierzu kann sein:

- Wenn Sie in zwei Jahren auf diese nicht einfache Zeit zurückblicken und es ist alles so gelaufen, dass Sie ein bisschen stolz auf sich sind, was erzählen Sie dann über Ihre Einstellung und Ihr Verhalten?

Der Coach befragt beide Parteien, was sie sich jeweils vornehmen, und holt die Zustimmung der anderen Partei ein.

Beispiel 23: **Schlamperei in der Ablage**

Teamcoach: *»Ich denke, es ist jetzt klar geworden, wie Sie sich Ihr zukünftiges Verhältnis wünschen. Auf der Skala sind Sie zurzeit auf einer 4, Frau Zeh, und Sie auf einer 5, Frau Munk. Angenommen Sie sind einen Schritt weiter auf der Skala, was tun Sie dann, was Sie jetzt vielleicht nicht oder seltener tun?«*

Frau Munk: *»Na,ja, ich habe gehört, dass es Frau Zeh wichtig ist, dass sie alles findet, wenn sie jemand anruft. Ich könnte mir die letzten 10 Minuten meiner Arbeit Zeit dafür nehmen, alles zurückzuräumen und kurze Notizen für Frau Zeh zu hinterlassen.«*

Teamcoach: *»Frau Zeh, was tun Sie, wenn Sie auf Ihrer Skala einen Schritt weiter sind?«*

Frau Zeh: *»Anstatt mich fürchterlich aufzuregen, wenn ich etwas nicht finde, schreibe ich Frau Munk eine SMS und frage nach.«*

Teamcoach: *»Frau Munk – ist das in Ordnung für Sie, wenn Frau Zeh Ihnen dann eine SMS schreibt?«*

Frau Munk: *»Na ja, wir können es ja einmal probieren. Ich habe es ja selbst in der Hand – wenn ich nicht gut aufräume oder erkläre, wo was ist, bekomme ich eben mehr SMS. Ein Versuch ist es auf jeden Fall wert.«*

Teamcoach: *»Wie zuversichtlich sind Sie auf einer Skala von 0 bis 10, wobei 10 für sehr zuversichtlich steht, dass das eine Verbesserung bringen wird und Sie sie tatsächlich umsetzen können?«*

Frau Munk: *»Eine 6.«*

Frau Zeh: *»Auch ungefähr auf einer 6.«*

Teamcoach: *»Was macht Sie denn zuversichtlich?«*

Bei den nächsten Schritten und den Vereinbarungen muss es sich um Dinge handeln, die beide Parteien tatsächlich umsetzen wollen und von denen beide Parteien zuversichtlich sind, dass sie eine Verbesserung bringen können. Lippenbekenntnisse nut-

> *Es geht darum, etwas zu finden, was aus der Wahrnehmung heraushilft, dass der andere Dinge nur tut, um einen zu ärgern.*

zen hier wenig. Es geht darum, etwas zu finden, was aus der Wahrnehmung heraushilft, dass der andere Dinge nur tut, um einen zu ärgern. Man kann hier auch fragen, was passieren soll, wenn sich nicht an die Vereinbarung gehalten wird, und wie man dann wieder in die richtige Spur kommt. Auf diese Weise kann man sich schon sanft auf mögliche Rückschläge vorbereiten, ohne den gesamten Erfolg infragezustellen.

Übung 11: **De-Eskalation**

Ben Furman und Tapani Ahola haben eine sehr schöne Übung für Teams, die sich häufig in Konfliktsituationen mit anderen Gruppen befinden. Sie kontrastiert das Verhalten, das Gruppen häufig an den Tag legen, wenn andere Gruppen zu »Feinden« werden, mit einem konstruktiveren Umgang. Sie können diese Übung für Ihr Team vorschlagen, wenn Sie eine ähnliche Dynamik bemerken. Zunächst teilen Sie die Gruppe in zwei Einzelgruppen. Gruppe A verlässt den Raum, und überlegt sich, was Gruppe B falsch gemacht hat. Dann kommt Gruppe A herein. Sie moderieren – vielleicht auch unterstützt durch eine Visualisierung am Flipchart – den folgenden typischen Dialog. Hier kann es auch mit Lust am Untergang hoch hergehen und können sich die Gruppen gespielt aufregen.

1. Gruppe A beschuldigt Gruppe B.
2. Gruppe B leugnet.
3. Gruppe A findet Beispiele.
4. Gruppe B schiebt die Beispiele auf die Umstände.
5. Gruppe A gibt eine Erklärung ab, warum sich Gruppe B so unprofessionell verhält.
6. Gruppe B gibt eine Erklärung ab, warum es Gruppe A nötig hat, Gruppe B unfair zu beschuldigen.
7. Gruppe A droht Gruppe B mit Konsequenzen.
8. Gruppe B droht Gruppe A mit Konsequenzen, wenn sie nicht aufhört Gruppe B zu beschuldigen.

9. Gruppe A verlässt den Raum. Während Gruppe A draußen ist, erklären Sie Gruppe B, wie man konstruktiv auf – vielleicht nicht einmal unbedingt gerechtfertigte – Kritik reagiert. Auch diese Punkte können Sie wieder auf ein Flipchart schreiben.

1. Zuhören.
2. Mitgefühl und Empathie ausdrücken – sich vielleicht sogar entschuldigen.
3. Erfragen, was genau anders sein soll.
4. Verhandeln.
5. Einen ersten Schritt vereinbaren.

Dann kommt Gruppe A wieder herein und das gleiche Spiel fängt von vorne an. Dieses Mal reagiert Gruppe B konstruktiv. Die Unterhaltung verläuft wesentlich ruhiger und zielorientierter. Meist muss nach dieser Übung nicht mehr viel darüber gesagt werden, warum es mehr Sinn macht, sich so zu verhalten wie im zweiten Beispiel.

Mobbing

In der lösungsfokussierten Literatur zum Thema Teamcoaching ist wenig über »Mobbing« zu finden. Das ist wahrscheinlich deswegen so, weil wir in der lösungsfokussierten Arbeit versuchen, die Probleme möglichst so zu beschreiben, dass sie als lösbar und veränderbar wahrgenommen werden. Mobbing klingt gleich sehr schwerwiegend, wenig veränderbar und chronisch. Vieles, was bei anderen Beratern vielleicht unter dem Thema Mobbing abgehandelt würde, heißt in lösungsfokussierter Beratung: »Gute Atmosphäre am Arbeitsplatz«, »Produktiver Umgang mit persönlichen Unterschieden«, »Umgang mit Missverständnissen« usw. – je nach dem vorliegenden Fall.

Mobbing klingt schwerwiegend und unlösbar. Lösungsfokussiert versuchen wir Probleme möglichst so zu beschreiben, dass sie als lösbar und veränderbar wahrgenommen werden.

Manchmal wird man mit dem Thema Mobbing oder Mobbingprävention angefragt, und der Auftrag ist direkt mit diesem Thema verbunden. Für Schulen hat Sue Young ein sehr schönes Modell entwickelt (Young, S., 2009). Bislang ist es noch nicht in die Unternehmenswelt übertragen worden, aber wir glauben, dass das relativ einfach möglich sein dürfte. Hier wollen wir kurz zwei Anwendungsbereiche vorstellen:

Mobbingprävention

Angenommen Sie als lösungsfokussierter Berater werden angefragt, ein Unternehmen mit einem Programm zur Mobbingprävention zu unterstützen. Natürlich werden Sie zunächst herausfinden, was für Ihren Auftraggeber anstelle von einem möglichen Mobbing stehen soll. Wie genau sieht eine Arbeitsumgebung für Ihren Auftraggeber aus, die möglichst sicherstellt, dass kein Mitarbeiter und keine Mitarbeiterin gemobbt werden? Solche Aufträge kommen meistens von der Personalentwicklungsabteilung oder auch von der gewerkschaftlichen Vertretung, einem Betriebsrat oder Ähnlichem. Hier ist ein möglicher Prozess für eine lösungsfokussierte Beratung zur Mobbingprävention:

1. Auftragsklärung mit dem Auftraggeber
   a. Wie genau sieht eine Arbeitsatmosphäre aus, die es unwahrscheinlich macht, dass ein Mitarbeiter oder eine Mitarbeiterin gemobbt werden?
   b. Was davon ist schon da?
   c. Was tut das Unternehmen schon, um diese Atmosphäre zu unterstützen?
   d. Welche Ideen gibt es, noch mehr davon zu tun, oder was kann zusätzlich noch unternommen werden?
2. Einbindung der wesentlichen Stakeholder
   a. Kommunikation des Zieles (z. B. sichere und inspirierende Arbeitsumgebung)
   b. Workshops mit den Stakeholdern mit Skalierung
   c. Weitere Ideen
3. Planung der Umsetzung nächster Schritte

4. Umsetzung
5. Kommunikation der Ergebnisse: Was wurde unternommen? Welche Resonanz hatte es bei den Mitarbeitern? Usw.

Es gibt einige Tendenzen zum Umgang mit diesem Thema, die einem lösungsfokussierten Vorgehen entgegenstehen. In traditioneller Personalentwicklung fällt manchmal der Begriff »Raising Awareness« – »ein Problembewusstsein schaffen«. Dies wird als Voraussetzung dafür gesehen, dass ein Risiko oder ein Problem erfolgreich bewältigt werden. Hier kann es sein, dass der lösungsfokussierte Berater oder die lösungsfokussierte Beraterin zunächst etwas Überzeugungsarbeit leisten muss, dass ein Programm, welches das Wort Mobbing nicht in den Mund nimmt, auch oder sogar erfolgreicher zu Mobbingprävention beiträgt. Die Statistiken, die Sue Young zitiert, können dabei helfen. Sie besagen, dass zumindest im Schulkontext traditionelle Mobbingprävention eher zu mehr Mobbing führt. Das kann daran liegen, dass Konflikte, die normalerweise als Konflikt bezeichnet worden wären, unter dem Begriff Mobbing laufen, wenn der Begriff einmal eingeführt ist, oder daran, dass die Fokussierung auf ein Problem dieses manchmal eben auch hervorruft.

Traditionelle Mobbingprävention führt eher zu mehr Mobbing.

Genauso verhält es sich mit der Neigung von Unternehmen, den Erfolg qualitativer Maßnahmen quantitativ messen zu wollen. So kann es sein, dass der Vorschlag entsteht, zum Abschluss der Maßnahme eine Mitarbeiterbefragung durchzuführen. Leider führen aber auch Mitarbeiterbefragungen häufig dazu, dass die Unzufriedenheit steigt. Die Mitarbeiter stellen sich das schönste, tollste, freundlichste und beste Unternehmen als 10 auf der Skala vor und vergessen, dass es dieses Unternehmen nicht geben kann. An dieser Idealvorstellung wird dann das eigene, nicht ganz so perfekte Unternehmen gemessen und aus der Diskrepanz ergibt sich eine Unzufriedenheit, die zuvor nicht da war. Natürlich ist es legitim, wenn Unternehmen den Erfolg von Maßnahmen messen möchten. Wenn möglich sollte der Berater oder die Beraterin hier auf die Möglichkeit von qualitativen

Interviews als Erfolgsmessung hinweisen. Ein/e unabhängige/r Interviewer oder Interviewerin kann mit standardisierten oder halb standardisierten Interviews Mitarbeiter dazu befragen, was zu ihrer Zufriedenheit mit der Arbeitsatmosphäre beiträgt und was vielleicht noch getan werden muss.

Vorgehen bei konkreten Mobbingvorwürfen

Sue Young schlägt zur Bewältigung konkreter Mobbingvorwürfe oder -situationen in Schulen den sogenannten »No blame approach« vor. Wenn ein Kind oder seine Eltern das Gefühl haben, dass das Kind gemobbt wird, arbeitet Sue Young mit einer »Support Group«. Das Vorgehen ist wie folgt:

1. Ein lösungsfokussiertes Interview mit dem betroffenen Kind. Hier wird außerdem noch gefragt, welche Kinder für das betroffene Kind schwierig sind, welche Kinder seine Freunde sind oder es gerne gerne als Freunde hätte, und welche Kinder in Situationen, in denen es für das Kind schwierig ist, häufig dabei sind.
2. Die Kinder, die von dem betroffenen Kind benannt werden, werden zu einem Gespräch eingeladen. In diesem Gespräch geht es darum, wie dem betroffenen Kind geholfen werden kann, dass es sich in der Schule wohler fühlt. Jedes der Kinder verpflichtet sich, dem betroffenen Kind mit einer konkreten Aktion zu helfen.
3. Nach ein paar Wochen gibt es ein weiteres Gespräch mit dem betroffenen Kind darüber, was besser geworden ist.
4. Danach gibt es ein Meeting mit der Unterstützergruppe mit dem gleichen Thema.

Wir wissen nicht, ob und wie sich dieses Vorgehen auch bei Erwachsenen eignet. Mobbingsituationen können unserer Einschätzung nach bei Erwachsenen sehr unterschiedliche Hintergründe haben. Von Interaktionen, in denen wirklich ein Mitarbeiter oder eine Mitarbeiterin sehr unbeliebt ist und darunter leidet, bis zu konfliktbehafteten Interaktionen, in denen es darum geht, wer das Unternehmen verlassen soll und in denen Mobbingvorwürfe zu Machtmitteln werden. Bei Erwachsenen muss wahrscheinlich stärker als bei Kindern darauf geachtet werden, dass der Berater oder die Beraterin genau versteht, welche Ziele die beteiligten Personen verfolgen. Wenn es tatsächlich so wahrgenommen wird, dass eine Person sich im sozialen Gefüge des Teams sehr unwohl fühlt, könnte ein ähnliches Vorgehen, wie von Sue Young bei Schulen vorgeschlagen wird, funktionieren.

Auch hier unterscheidet sich lösungsfokussiertes Vorgehen stark von dem Vorgehen anderer Beratungsformen. Wir würden im ersten Schritt die Betroffene oder den Betroffenen nicht dazu ermutigen, ein »Mobbingtagebuch« zu führen, in dem er oder sie festhält, was alles Schlimmes passiert. Auch die Annahme, dass Menschen gezielt versuchen, andere fertigzumachen, halten wir einer Lösung nicht zuträglich. Das heißt nicht, dass es nicht manchmal sein kann – diese Annahme führt aber zur Zuweisung von Opfer- und Täterrollen, und diese stehen einer Lösung meistens im Weg.

Wie gesagt – es gibt hier für uns noch keine Erfahrungswerte. Wir möchten an diesem Thema dranbleiben und freuen uns über Anfragen oder Erfahrungsberichte aus diesem Themenfeld.

Teambuilding

Situationen

Es gibt in Unternehmen immer wieder Situationen, in denen sich ein Team neu formiert: Das Team hat einen neuen Chef bekommen, neue Teammitglieder sind dazu gekommen, oder zwei oder mehr Teams werden zusammengelegt, und die Aufgabenverteilung muss neu vorgenommen werden. Ein Teamcoach soll dabei helfen, dass sich das Team schnell kennenlernt und möglichst bald reibungslos arbeiten kann.

Struktur

Die Struktur eines Teamcoachings mit dem Anlass eines »Teambuildings« ist in unserer Beratungspraxis sehr ähnlich der Struktur bei anderen Prozessen.

Auftragsklärung

Zunächst besprechen wir mit dem oder der (neuen) Vorgesetzten des (neuen) Teams, was die Aufgaben und Ziele des Teams sind und was das Team in den nächsten Monaten gut hinkriegen muss. Wir fragen, was den Vorgesetzten zuversichtlich macht, dass diese Aufgaben von dem Team zu bewältigen sind. Außerdem fragen wir, welche Ressourcen dem Vorgesetzten schon bekannt sind – was schätzt er an den Teammitgliedern, die er schon kennt? Wenn er sie ausgewählt hat – nach welchen Kriterien?

Interviews

Wir führen Interviews mit den Teammitgliedern. Fragen könnten hierbei sein:

- Wie sieht für Sie gute Teamarbeit aus?
- Was wünschen Sie sich in Ihrem neuen Team?
- Welche Erfahrungen haben Sie schon mit Teamgründungen?
- Was hat dabei gut funktioniert?
- Was möchten Sie gerne zum neuen Team beitragen?
- Was müssen Sie bei der Teamgründung gut hinkriegen? Worauf sollten Sie und Ihre Teammitglieder achten?

Workshop

Der Workshop richtet sich nach den Anliegen der Teammitglieder und des oder der Vorgesetzten. Manchmal liegt der Fokus stärker auf der Planung der Zukunft, manchmal mehr auf dem gegenseitigen Kennenlernen und Vertrauensaufbau. Diese Workshops sehen sehr unterschiedlich aus. Hier sind ein paar Übungen, die wir schon nützlich angewendet haben:

Kennenlern-Bingo

Beim Kennenlern-Bingo erstellt man ein Raster von vier mal vier Feldern. In jedes Feld kommt ein ungewöhnliches Erlebnis, eine Stärke oder etwas Interessantes aus dem Leben. Das sieht dann zum Beispiel so aus:

Schon einmal Fallschirm gesprungen	Spiele Klavier	Bin SAP-Spezialist	Hatte schon einmal ein Meerschweinchen
Schon einmal auf einem Elefanten geritten	War schon auf mehr als drei Kontinenten	Spreche mehr als zwei Sprachen	Habe Verkaufstalent
Liebe Powerpoint	Habe Enkelkinder	Bin schon einen Marathon gelaufen	Liebe Katzen
Liebe Hunde	War schon einmal auf einem 4000er Berg	Koche gut	Habe ein Sportabzeichen

Jedes Teammitglied muss versuchen, eine gerade Linie mit Kästchen – wie beim Bingo – mit Namen zu füllen. Wer als erster vier Namen in einer Reihe hat, hat gewonnen. Um zu diesen Namen zu kommen, muss sich natürlich jeder mit so vielen Teammitgliedern wie möglich austauschen. Dieses »Bingo« ist auch geeignet als Begleitungsspiel bei einem Abend an der Bar.

Gemischte Interviews

Wenn ein Team aus zwei oder mehreren alten Teams zusammengelegt wurde, kann man auch gemischte Kleingruppen bitten, den Partner zu interviewen und ihn dann der Gesamtgruppe vorzustellen. Nützliche Fragen sind:

- Was war einer Ihrer größten Erfolge in den letzten Jahren?
- Wie haben Sie das geschafft?
- Was wünschen Sie sich für das neue Team?
- Welche Anwendungsgebiete und »Nebenwirkungen« haben Sie?

Ressourcenpinnwand

Eine schöne Visualisierung von Teamressourcen ist die »Ressourcenpinnwand«. Jedes Teammitglied schreibt auf Moderationskärtchen, bei welchen Fragen und Schwierigkeiten er oder sie gerne Hilfe anbietet, wo er oder sie gefragt werden kann und den Namen dazu. Die Kärtchen werden auf der Pinnwand gesammelt. Meistens gibt sich ein gutes Bild. Vielleicht fehlt auch etwas – dann kann das Team gemeinsam überlegen, wo das herkommen kann (z. B. gibt es keinen SAP-Spezialisten – dann kann der Vorgesetzte überlegen, wen er bitten könnte, sich einzuarbeiten).

Gemeinsame Erlebnisse

Eine schöne Möglichkeit, sich außerhalb des Unternehmens kennenzulernen, sind gemeinsame Erlebnisse wie z. B. gemeinsam wandern gehen, etwas kochen oder auch sportliche Aktivitäten. Bei der Fülle von Angeboten ist es nur wichtig, dass man nicht an einen Anbieter gerät, der die Aktivitäten übermäßig interpretieren möchte. Am schönsten und nützlichsten sind solche Angebote, wenn wirklich zwanglos geplaudert werden kann, wenn jeder so sein kann, wie er ist und den anderen ein wenig kennenlernen kann. Uns ist auch immer wichtig, dass keiner aus seiner Komfortzone heraus muss. Mit einer Gruppe, in der es auch nur einen unsportlichen Teilnehmer gibt, würden wir z. B. nicht in den Hochseilgarten gehen.

Was wollen wir beibehalten?

Eine gute Frage ist auch die nach dem, was jedes »Teilteam« oder auch jedes neue Mitglied eines neuen Teams an positiven Vorerfahrungen mit Teams gemacht hat. Hierzu kann im Rahmen eines »Geschichtenkreises« jeder von »damals als wir …« berichten – eine Geschichte, wo er oder sie schon einmal gut mit einem Team zusammengearbeitet hatte und erfolgreich war.

Das kann dann auf einer Pinnwand mit Begriffen umschrieben werden. Vielleicht unter der Überschrift: »Wichtig an Teamarbeit ist uns …«

Kriterien von guter Aufgabenverteilung

Bei der Aufgabenverteilung geht es bei neu zusammengesetzten Teams häufig ans Eingemachte (siehe das Beispiel oben). Keiner will liebgewordene Aufgaben loswerden, Unangenehmes soll möglichst gleich verteilt werden usw. Wenn das Team – und nicht der Vorgesetzte – dies mit entscheiden soll, ist es wichtig, dass im Vorhinein klar ist,

Manchmal haben auch Erwachsene die Idee, alles könnte 100% fair sein (was es nie wirklich ist).

was neu verhandelt werden kann und was gesetzt ist. Wir haben auch positive Erfahrungen damit gemacht, mit dem Team zunächst genau zu überlegen, was die Kriterien einer guten Auftragsverteilung sind: Manchmal haben auch Erwachsene die Idee, alles könnte hundertprozentig fair sein (was es nie wirklich ist). Wenn jeder überlegt, womit er oder sie zufrieden wäre, werden die Anforderungen an die Aufgabenverteilung realistischer.

Follow-up

Beim Teambuilding ist es besonders schön, wenn man nach drei Monaten einen Follow-up-Workshop machen kann und fragen darf, was besser ist, was gut gelingt. Das stärkt das Zusammenwachsen des Teams und macht bewusst, welche Leistung es vollbracht hat, indem es zusammengewachsen ist. Sinnvolle Fragen sind hierbei:

- Was ist besser?
- Was funktioniert gut?
- Was haben Sie an Ihren Kollegen bemerkt, das Ihnen richtig gut gefällt?
- Was sollten Sie beibehalten?
- Was werden Sie das nächste Mal, wenn Sie ein neues Team gründen, auf jeden Fall wieder so machen?

Virtuelle Teams

Was sind globale virtuelle Teams?

In vielen multinationalen Unternehmen bestehen Teams nicht mehr aus Teammitgliedern, die an einem Ort ansässig sind, sondern aus Teammitgliedern, die auf mehrere Länder, eventuell sogar über mehrere Zeitzonen verteilt sind. Für die Unternehmen bringt das den Vorteil, dass sie schneller reagieren können und auf verschiedenen Märkten für die unterschiedlichsten Kunden aus aller Welt immer ansprechbar sind. Weiterhin ist es bei virtuellen Teams sehr nützlich, dass Talente aus unterschiedlichen Ländern an einem Projekt oder in einem Team arbeiten können. Unternehmen können leichter für Menschen in der Elternzeit Arbeitsplätze von zu hause aus anbieten. Auf diese Weise halten sie wichtige Mitarbeiter und wichtiges Know-how, wenn ein Kind auf die Welt kommt. Häufig arbeiten globale virtuelle Teams an Projekten in einer Matrixstruktur – es kommt aber immer öfter vor, dass ganz reguläre Teams nicht gemeinsam an einem Ort ansässig sind. Der Vorgesetzte arbeitet zum Beispiel von London aus, die eine Hälfte seines Teams arbeitet in Polen, ein Viertel in Deutschland und der Rest in Frankreich. Viele Outsourcing-Projekte haben zu solchen Teamstrukturen geführt.

Besondere Herausforderungen

Aus Kostengründen können sich die Mitglieder derartiger Teams häufig nicht öfter als einmal im Jahr persönlich treffen. Fast die gesamte Kommunikation findet daher über Telefon und andere Medien zur virtuellen Kommunikation statt. Viele Teammitglieder empfinden das Fehlen von körpersprachlichen Signalen als schwierig für die Zusammenarbeit. Wenn es zu Konflikten kommt, sind diese oftmals schwieriger zu beheben, wenn man sich nicht persönlich über den Weg läuft. Zudem kann schriftliche Kommunikation leichter missverstanden werden, da einerseits die Mimik fehlt, durch die oftmals klar wird, wie etwas gemeint ist. Außerdem fallen kurze klärende Fragen weg. Die Tatsache, dass in solchen Teams Mitarbeiter unterschiedlicher Kulturkreise zusammenarbeiten, macht es auch nicht unbedingt leichter. Oft gibt es Missverständnisse in Bezug auf Absprachen, Termine und Verantwortlichkeiten. Ein häufig genanntes Problem globaler virtueller Teams ist mangelnde Verbindlichkeit. In einem unserer Seminare zum Thema »globale virtuelle Teams« fragten wir Teammitglieder unterschiedlicher Nationen, was »Du bekommst den Bericht am Freitag« für die jeweiligen Mitglieder genau bedeutet. Der Deutsche sagte, wenn er den Bericht so bekommt, dass er am Freitag noch etwas damit anfangen kann,

Viele Teammitglieder empfinden das Fehlen von körpersprachlichen Signalen als schwierig für die Zusammenarbeit.

wäre es perfekt, also etwa nach der Mittagspause. Für die Französin war am Ende des Geschäftstages, also gegen 18:00, auch o.k., sie würde dann am Wochenende oder am Montagmorgen den Bericht lesen. Der Inder sagte, wenn er den Bericht am Montag gegen 10:00 Ortszeit bekommt, wäre das ganz in Ordnung. Vorher käme er ohnehin nicht dazu ihn zu lesen, weil er ja noch seine E-mails vom Wochenende beantworten muss. Die Teilnehmer des Seminars waren überrascht von der unterschiedlichen Einschätzung und lachten über das Ergebnis. Sie nahmen sich vor, in Zukunft genauer zu sagen, warum sie welche Leistungen bis wann von wem brauchen, damit jeder weiß, was zu tun ist und niemand enttäuscht wird.

Warum ist lösungsfokussiertes Vorgehen für globale virtuelle Teams besonders geeignet?

Wie schon häufig erwähnt, verzichtet lösungsfokussiertes Vorgehen weitgehend auf Interpretationen von Verhalten, sondern sucht klare Beschreibungen dessen, was gewünscht wird und was besser werden soll. Schon allein das macht es in globalen virtuellen Teams viel einfacher. Anstatt mir zu überlegen, dass wohl alle Deutschen humorlos, alle Inder unzuverlässig usw. sind, oder es einzelnen Teammitgliedern übel zu nehmen, wenn etwas nicht so passiert, wie ich es angenommen habe, gehe ich lösungsfokussiert davon aus, dass Missverständnisse ganz normal sind, nehme den Telefonhörer in die Hand und kläre, was besser werden soll. Der Generalverdacht wird zu einer Generalakzeptanz. Studien zu globaler virtueller und interkultureller Zusammenarbeit haben ergeben, dass Vertrauen und Zuversicht, enthusiastische und wertschätzende Kommunikation sowie eine hohe Ambiguitätstoleranz wesentlich sind für den Erfolg solcher Unterfangen (Jarvenpaa, S. & Leidner D. E., 1999; Stahl, G. K., 2001). Lösungsfokussierung beinhaltet diese Erfolgsfaktoren im hohen Maße, sodass wir auch aufgrund unserer Erfahrung sagen können, dass lösungsfokussiertes Teamverhalten und lösungsfokussierte Teamführung sich optimal für globale virtuelle Teams eignen.

Der Generalverdacht wird zu einer Generalakzeptanz.

Lösungsfokussierte Beratung virtueller Teams

Lösungsfokussierte Beratung virtueller Teams läuft im Grundsatz nicht anders ab als die Beratung oder das Training von Teams, die an einem Ort arbeiten. Der einzige Unterschied ist der, dass die meisten der Gespräche telefonisch, per Videokonferenz oder über einen virtuellen Raum stattfinden.

Erfolgsfaktoren für gelungene virtuelle Meetings sind auch ähnlich denen nicht-virtueller Meetings: Man hat das Gefühl, die Gesprächspartner zu verstehen und umgekehrt. Die Ziele der Teilnehmer sind bekannt und einander ähnlich. Es herrscht eine lockere und produktive Atmosphäre, jeder kommt zu Wort und alle sind an einer Lösung oder Weiterentwicklung der Themen interessiert. Etwaige Probleme werden gut geklärt. In virtuellen Meetings kommt eine Schwierigkeit hinzu: Man merkt bei den meisten virtuellen Arbeitsumgebungen nicht, wenn jemand neben dem Meeting noch mit anderem (z. B. seinen E-Mails) beschäftigt ist. (Eine rühmliche Ausnahme ist da die Plattform Vitero – www.vitero.de.) Es ist daher wichtig, durch eine sehr interaktive Arbeitsweise sicherzustellen, dass man weiß, wer gedanklich noch im Meeting ist und wer nicht.

Wir planen virtuelle Trainings bewusst so, dass es öfter Momente gibt, in denen sich alle beteiligen können. Wenn es jemanden gibt, der gerade Besseres zu tun hat, nehmen wir das nicht als persönliches Problem wahr, sondern interpretieren es als Versuch, effizient zu sein. Wenn wir wissen, dass jemand gerade andere Dinge tut, können wir aktiv damit umgehen und Missverständnisse vermeiden. Für die meisten Teams ist schon dieser Umgang mit diesem Phänomen ein gutes Beispiel. Wir fragen, ob die Teilnahme an der Telefonkonferenz gerade noch nützlich ist und was sie ggf. nützlicher machen könnte. Falls es gerade thematisch um einen Punkt geht, der für den angesprochenen Teilnehmer weniger relevant ist, bieten wir an, dass uns der Teilnehmer nur »im Ohr« hat und wenn etwas Wichtiges erscheint, sich wieder einklinkt, oder fragen, ob es vielleicht sinnvoll wäre, die Telefonkonferenz zu verlassen und nach einer gewissen Zeit wieder zurückzukommen. Diese Möglichkeit wird von vielen virtuellen Teams nicht genutzt – hauptsächlich, weil man fürchtet, die Gesprächspartner könnten ein solches Verhalten als mangelnden Respekt auslegen.

Wenn man aber von vorneherein dem anderen einen Vertrauensvorschuss einräumt, kann das nicht passieren und je ruhiger und freundlicher der Wunsch nach Nichtteilnahme geäußert und verhandelt wird, desto besser für alle Beteiligten. Vergleichen Sie: »Also das bringt hier alles nichts, ich glaube wirklich, ich habe Besseres zu tun« mit »O.k. – ich denke, ihr habt das gut im Griff. Im Moment weiß ich nicht, ob ich wirklich etwas beitragen kann. Wäre es in Ordnung für euch, wenn ich mich in einer halben Stunde wieder einwähle oder gerade an der Präsentation xy weiterarbeite und nur zuhöre?«

Beispiel 24: ***Das virtuelle Team***

Vorgespräch

Auf einem Coachingkongress lernte ich eine Teamleiterin eines globalen Teams in einem IT-Unternehmen kennen. Die Teammitglieder waren in den USA, Deutschland, Frankreich, Spanien, UK und Singapur angesiedelt. Das Team war für die globale Marketingstrategie zuständig – alle Teammitglieder waren selbst Manager sowohl von Mitarbeitern, die direkt an sie berichten, als auch über Matrixstrukturen in die lokalen Marketing- und Vertriebsorganisationen hinein. Frau Dupont war begeistert von den Möglichkeiten, die lösungsfokussiertes Vorgehen für globale Teams bietet, und wollte sich gerne mit ihrem Team coachen lassen. Sie war voll des Lobes für ihre Teammitglieder, meinte aber, dass durch ein Coaching sicher einige Prozesse schneller und reibungsloser ablaufen könnten und dass vor allem die Missverständnisse schneller und selbstverständlicher ausgeräumt werden könnten. Jedes ihrer Teammitglieder arbeitete auch in anderen globalen Teams mit den lokalen Marketingeinheiten zusammen und würde sicher auch für diesen Wirkungskreis von einem Coaching profitieren. Frau Dupont war sehr offen, was die Gestaltung und die genaue Zielvorgabe des Coachings anging, und wollte selbst keine genauen Ziele festlegen, sondern wirklich das Team fragen, was sie an Verbesserungspotenzial sehen.

Teaminterviews

Mit meinem Vorschlag, dann doch zunächst die Teammitglieder zu fragen, was gut läuft und was noch etwas besser laufen könnte, rannte ich daher offene Türen ein. Ich telefonierte mit allen Teammitgliedern in der Form eines halboffenen Interviewformats mit folgenden Fragen:

- *Was schätzen Sie besonders an Ihrem Team?*
- *Was müssen Sie als Team im nächsten Jahr gut hinkriegen?*
- *Angenommen ich rufe Sie in einem halben Jahr wieder an, und Ihr Team hat sich in genau die richtige Richtung entwickelt – was erzählen Sie mir dann vom Team?*
- *Auf einer Skala von 0 bis 10, wobei 10 dafür steht, dass genau dieser Punkt schon erreicht ist (sodass eigentlich gar keine Entwicklung nötig ist), und 0 das Gegenteil, wo sehen Sie Ihr Team?*
- *Was ist in X?*
- *Was könnte ein nächster Schritt in Richtung X+1 sein?*

Die Teammitglieder waren schon alle ziemlich stolz auf ihr Team, da sie trotz aller interkultureller Unterschiede miteinander gut kooperierten. Als Hauptaufgabe für das nächste Jahr sahen die meisten die Festlegung einer neuen globalen Marketingstrategie und die gute Kommunikation und Überzeugung der lokalen Partner. Die Teamskala bewegte sich zwischen 5 und 7. Als nächsten Schritt nannten die meisten Teammitglieder, dass sie sich über die Kommunikation der neuen Strategie in den unterschiedlichen Ländern stärker gemeinsam Gedanken machen wollten. Sie hatten das Gefühl, dass sie voneinander viel lernen können. Aufgrund der alltäglichen Hektik fiele dieses »Best Practice Sharing« meist weg oder käme zu kurz. Auch wollten die meisten Teammitglieder neue Formen der Kommunikation wie zum Beispiel Webconferencing stärker nutzen. Einige wollten gerne mehr Persönliches über die anderen Teammitglieder erfahren und besser verstehen, in welchen Zusammenhängen die anderen leben und arbeiten.

Teamcoaching (online)

Für das Teamtraining suchte ich drei Termine mit jeweils zwei Stunden heraus. Sie fanden zu unterschiedlichen Zeiten statt, sodass die Tageszeit für jeden der Standorte einmal günstig und einmal ungünstig war. Durch das große Engagement der Teammitglieder war es kein Problem, wenn die Amerikaner einmal sehr früh aufstehen mussten und die Teammitglieder in Singapur spät abends von zu Hause aus telefonierten. Technisch nutzten wir WebEx als Kommunikationsplattform. WebEx bietet (wie andere Plattformen z.B. gotomeeting, openwebinars, dimdim, vitero auch) die Möglichkeit, einerseits Folien zu zeigen, aber andererseits auch Fragebögen zu beantworten, elektronisch abzustimmen oder gemeinsam eine Folie zu beschriften. Solche gemeinsamen Aktivitäten helfen sehr, die fehlende visuelle Information zu überbrücken. Die drei Termine hatten unterschiedliche Themen: Im ersten Termin ging es hauptsächlich um das »Best Practice Sharing« und um die Kommunikation der Strategie. Im zweiten war das Ziel, dass sich die Teammitglieder untereinander besser kennenlernen und verstehen. Das letzte Meeting fand ein paar Wochen später statt und diente dazu, die Ergebnisse zu sichern und weitere Themen zu eruieren.

Ablauf erstes Meeting: Best Practice Sharing

Zunächst klärte ich mit den Teilnehmern noch einmal das Ziel der zwei Stunden: Was soll nach den zwei Stunden besser sein? Was muss dazu hier passieren? Die Teilnehmer notierten die Antworten im Chatraum von WebEx, sodass wir am Ende des Seminars wieder darauf zurückkommen konnten. Vor allem wollten sich die Teilnehmer darüber austauschen, welche Vorgehensweisen bei der Kommunikation und Diskussion der Marketingstrategie mit den lokalen Standorten gut funktionieren und worauf zu achten ist.

Ich bat dann die Teilnehmer standortgemischte Kleingruppen (»Breakout Rooms« der Telefonleitung – die Teilnehmer wählen eine Zahlenfolge und können dann in Kleingruppen miteinander telefonieren) aufzusuchen und sich jeweils ein »Highlight« der letzten Wochen zu erzählen, etwas, das in der Kommunikation gut funktioniert hatte. Sie sollten auf jeden Fall auch notieren, welchen Beitrag sie zu der Kommunikation geleistet hatten. Danach kam die Gruppe wieder in der großen Runde zusammen und berichtete von den Diskussionen. Die Ergebnisse wurden unter dem Stichwort: »Was funktioniert schon gut, wovon sollten wir mehr machen?« gleich in einem Word-Dokument festgehalten. Die nächste Frage war, wer es merken würde, wenn sich die Kommunikation mit den lokalen Standorten verbessert. Die Teilnehmer sagten, dass es die Mitarbeiter an den lokalen Standorten merken würden, sie selbst und letztendlich auch die Kunden, die eine einheitlichere und auf den jeweiligen Markt gut passende Strategie wahrnehmen würden. Wieder teilte sich die Gruppe in »Break-out Rooms«. Eine Gruppe besprach, woran es die Mitarbeiter an lokalen Standorten merken würden, die andere besprach, woran sie es selbst merken würden und die dritte redete darüber, woran es die Kunden möglicherweise merken könnten. Auch diese Ergebnisse wurden in der großen Gruppe diskutiert, und es wurde festgelegt, welche der Ideen, die in den Kleingruppen entstanden waren, umgesetzt werden konnten. Auch diese Ideen wurden in das Word-Dokument eingetragen unter dem Titel »Was können wir noch tun, um die Kommunikation mit den lokalen Standorten zu verbessern?«. Im Nachhinein hörte ich, dass dieses Word-Dokument von den Teilnehmenden auch an ihre Mitarbeiter verschickt wurde, und der ein oder andere hat es sogar mit dem Kontakt in der lokalen Organisation diskutiert, was sehr positiv aufgenommen wurde. Zum Schluss schauten wir noch einmal auf die Ziele dieses Webmeetings und stellten fest, dass die meisten gut erledigt waren.

Ablauf zweites Meeting: besseres Kennenlernen

Für das zweite Meeting mit dem Ziel, dass sich die Teilnehmer besser kennenlernen wollten, hatte ich eine E-Mail verschickt und die Teilnehmer darum gebeten, die Fragen aufzuschreiben, die sie an die anderen Teammitglieder haben. Die Teammitglieder antworteten mit zum Teil ernsten, aber auch lustigen Fragen. Von »Wie funktioniert euer Schul-

system?« bis zu »Bist du schon einmal auf einem Elefanten geritten?« war fast alles dabei. Ich erstellte dann einen kleinen Fragebogen und bat jeden, die Fragen, die er oder sie gerne beantworten würde, zu beantworten und mit einigen persönlichen Fotos auf ein oder zwei Power Point-Folien zu schreiben. Für das Webmeeting bat ich alle, sich vorzustellen, dass wir gemeinsam Kaffee trinken, und erlaubte auch explizit, dass die Teilnehmer sich für die Telefonkonferenz einen Kaffee mitbringen. Das Webmeeting begann zunächst mit einer kleinen Übung: Alle Teilnehmer sollten sich zu jeder Person eine Sache überlegen, die sie an deren Arbeitsweise schätzen und von der sie glauben, dass sie nützlich für das Team ist, und das der Person per Privatchat mitzuteilen. Danach präsentierten die Teilnehmer ihre Folien, es gab viel Gelächter und Vergnügen, Nachfragen und Erklärungen und das Team hatte das Gefühl, sich wirklich etwas nähergekommen zu sein, obwohl sie sich nicht persönlich hatten sehen können.

Ablauf drittes Meeting: Follow-up

Das dritte Meeting begann mit der Frage: »Was ist besser geworden?« Die Ergebnisse wurden auf eine Folie geschrieben. Danach fragte ich, was das Team in den nächsten drei Monaten noch unbedingt hinkriegen muss, und das Team arbeitete hier wieder in Kleingruppen. Es kristallisierten sich einige Punkte heraus, die wir dann jeweils mit einer Skala versehen auf eine Power-Point-Folie schrieben:

Zusammenarbeit mit den lokalen Organisationen

1 ------------------------- 10

Verständnis füreinander und Zeit für den Teamgeist

1 ------------------------- 10

Umgang mit Missverständnissen

1 ------------------------- 10

Das Team nahm sich vor, einmal im Monat in seinem wöchentlichen Team-Call diese Parameter einzeln zu skalieren und dann zu bespre-

chen, was gut läuft und was der nächste Schritt sein könnte. Zum Abschluss sprachen wir darüber, was uns zuversichtlich macht, dass das Team diese Ziele erreichen wird und was wir beobachtet hatten, was schon in eine gute Richtung weist.

Durch die beiden WebEx-Meetings war das Team mit der Technik vertraut und traf sich inzwischen immer mit dieser Unterstützung. Besonders fruchtbar schien allen die Möglichkeit, auch in dem Team-Call Themen in Kleingruppen zu klären. Wir vereinbarten ein weiteres zweistündiges Coaching in einem halben Jahr, bei dem wir auch wieder »Was ist besser? und »Was müssen Sie im nächsten halben Jahr unbedingt hinbekommen?« fragen werden.

Zusammenfassung

Konflikt

- Arbeitsbeziehung herstellen
- Ziel – Ziel hinter dem Ziel
- Ausnahmen und Ressourcen
- Nächste Schritte
  - Experimente
  - Vereinbarungen

Mobbingprävention

- Auftragsklärung mit dem Auftraggeber
- Einbindung der wesentlichen Stakeholder
- Planung der Umsetzung nächster Schritte
- Umsetzung
- Kommunikation der Ergebnisse: Was wurde unternommen? Welche Resonanz hatte es bei den Mitarbeitern? Usw.

Konkrete Mobbingvorwürfe

- Situation und Kontext klären
- Ziele klären
- Wenn ein Mensch unter Mobbing leidet, möglicherweise:
  - Lösungsfokussiertes Interview mit dem oder der Betroffenen
  - Support-Group Meeting
  - Weiteres Gespräch mit lösungsfokussiertem Interview mit dem oder der Betroffenen
  - Support-Group Meeting

Teambuilding

- Auftragsklärung
- Interviews
- Workshop
    - Kennenlern-Bingo
    - Gemischte Interviews
    - Ressourcenpinnwand
    - Gemeinsame Erlebnisse
    - Was wollen wir beibehalten?
    - Kriterien von guter Aufgabenverteilung
- Follow-up

Virtual Teams

- Lösungsfokussierte Beratung eignet sich sehr gut für die Beratung virtueller Teams.

Nachwort

»Alles, was Sie über Teamcoaching wissen wollten, aber sich nicht zu fragen getraut haben …« – hoffentlich sind viele Ihrer Fragen zum Thema lösungsfokussiertes Teamcoaching beantwortet. Falls nicht, schauen Sie gerne auf unserer Webseite vorbei und lesen in unserem Blog. Auch sind wir für Fragen immer dankbar: www.solutionsacademy.com. Auf www.solutionsacademy.de finden Sie auch Weiterbildungen zur lösungsfokussierten Arbeit in Unternehmen.

Index der Übungen

Index der Beispiele

Referenzen

Andersen, T. (1991): *The reflecting team: Dialogues and dialogues about the dialogues* (1st). New York: Norton.

Bannink, F. (2009): *Praxis der Lösungs-fokussierten Mediation: Konzepte, Methoden und Übungen für MediatorInnen und Führungskräfte* (1st ed.). Stuttgart: Concadora-Verl.

Bannink, F. (2010): *Handbook of solution focused conflict management*. Toronto: Hogrefe.

Belbin, R. M. (1981): *Management teams. Why they succeed or fail*. New York: Wiley.

Bonsen, M. zur & Maleh, C. (2001): *Appreciative Inquiry (AI) – Der Weg zu Spitzenleistungen,* Weinheim und Basel: Beltz Verlag.

Briggs Myers, I. & McCaulley, M. H. (1992): *Manual, a guide to the development and use of the Myers-Briggs type indicator*. Palo Alto, Calif.: Consulting Psychologists Press.

Cauffman, L. & Dierolf, K. (2007): *Lösungstango: Sieben verführerische Schritte zum erfolgreichen Management*. Heidelberg: Carl Auer.

Dolan, Y. (1991): *Resolving Sexual Abuse*. New York: Norton.

Furman, B. & Ahola, T. (2004): *Twin Star: Lösungen vom andern Stern*. Heidelberg: Carl Auer.

Furman B. & Ahola, T. (2007): *Change through Cooperation: Handbook of reteaming*. Helsinki: Helsinki Brief Therapy Institute, Inc.

Furman, B. & Ahola, T. (2010): *Es ist nie zu spät, erfolgreich zu sein: Ein lösungsfokussiertes Programm für Coaching von Organisationen, Teams und Einzelpersonen; [Coaching – Beratung]* (1st ed.). Heidelberg: Carl Auer Verl.

Geisbauer, W. (Ed.). (2006): *Reteaming: Methodenhandbuch zur lösungsorientierten Beratung* (2nd ed.). Heidelberg: Carl Auer Verl.

Gay, F. (1999): *DISG-Persönlichkeits-Profil. Mit dem original DISG-Testmaterial zur Selbstauswertung [Verstehen Sie sich selbst besser; Schöpfen Sie Ihre Möglichkeit aus; Entdecken Sie Ihre Stärken und Schwächen]*. 13. Aufl. Offenbach: GABAL.

Jackson, P. Z. & McKergow, M. (2002): *The solutions focus. The simple way to positive change*. London: Nicholas Brealey.

Jarvenpaa, S. & Leidner, D. E. (1999): *Communication and Trust in Global Virtual Teams*. In: Organization Science 10, S. 791–815.

DeJong, P., Berg, I. K. (1998): *Lösungen (er)finden. Das Werkstattbuch der lösungsorientierten Kurztherapie*. Dortmund: Verl. Modernes Lernen (Systemische Studien, 17).

Kim, J. S. (2008): *Examining the effectiveness of solution-focused brief therapy: A meta-analysis*. Research on Social Work Practice 18: 107–116.

Meier, D. (2005): *Wege zur erfolgreichen Teamentwicklung. Mit dem SolutionCircle Turbulenzen im Team als Chance nutzen; ein Werkstattbuch für die Praxis*. Überarb. Neuaufl. Basel: SolutionSurfers [u. a.].

Ramseyer, F. &. T. W. (op. 2008): *Synchrony in Dyadic Psychotherapy Sessions*. In: S. Vrobel,

O.E. Rössler, & T. Marks-Tarlow (Eds.), *Simultaneity* (pp. 329–348). Hackensack, NJ: World Scientific.

Röhrig, P. (Hg.) (2008): *Solution-Tools. Die 60 besten, sofort einsetzbaren Workshop-Interventionen mit dem Solution-Focus.* Bonn: ManagerSeminare-Verl.-GmbH.

Shazer, S. de (1988): *Clues. Investigating solutions in brief therapy.* 1st. New York: W.W. Norton.

Shazer, S. de (1997): *Some thoughts on language use in therapy.* In: Contemporary Family Therapy 19 (133–141).

Shazer, S. de, Dolan, Yvonne & Korman, Harry (2008): *Mehr als ein Wunder. Lösungsfokussierte Kurztherapie heute.* Unter Mitarbeit von Astrid Hildenbrand. 1. Aufl. Heidelberg: Auer (Systemische Therapie).

Shazer, S. de & Berg, I.K. (1997): *Together, in the middle of the bed.* Brief treatment of a couple. Milwaukee, Wis.: Brief Family Therapy Center.

Stahl, G.K. (2001): *Internationaler Einsatz von Führungskräften. Probleme, Bewältigung, Erfolg.* In: Ulrich Krystek (Hg.): *Handbuch Internationalisierung. Eine Herausforderung für die Unternehmensführung.* 2., völlig neu bearb. u. erw. Berlin: Springer, S. 277–301.

Tuckman, B. W. (1965): *Developmental sequence in small groups.* In: Psychological Bulletin 63 (6), S. 384–399.

Varga Kibéd, M. von & Sparrer, I. (2005): *Ganz im Gegenteil: Tetralemmaarbeit und andere Grundformen systemischer Strukturaufstellungen – für Querdenker und solche, die es werden wollen* (5., überarb). Heidelberg: Carl Auer Systeme.

Vrobel, S., Rössler, O.E., & Marks-Tarlow, T. (op. 2008): *Simultaneity.* Hackensack, NJ: World Scientific.

Young, S. (2009): *Solution Focused Schools: Anti-Bullying and Beyond.* London: BT Press.

Ziegler, P. & Hiller, T. (2001): *Recreating partnership. A solution-oriented, collaborative approach to couples therapy.* New York, London: Norton.

Webressourcen:

http://www.insights-group.de 26.5.2011

http://www.myersbriggs.org 26.5.2011

http://www.vitero.de/deutsch/home/ 16.3.2011

http://www.gotomeeting.de 16.3.2011

http://www.webex.com/ 16.3.2011

http://www.openwebinars.com/ 16.3.2011

http://www.dimdim.com/ 16.3.2011

http://solutionfocusedchange.blogspot.com/2007/10/who-invented-miracle-question.html 6.2.2012

Reich, K. (Hg.): Methodenpool. In: URL: http://methodenpool.uni-koeln.de 28.11.2012

http://www.agilimanifesto.org 13.02.2013

Index

Kirsten Dierolf

Kirsten Dierolf führt intelligente Gespräche mit großartigen Menschen: pragmatisch, lösungsfokussiert und garantiert »bullshit-free«. Sie arbeitet seit 17 Jahren als Executive und Team Coach, Organisations- und Personalentwicklerin hauptsächlich für internationale Großunternehmen in der Finanzbranche, IT und Pharmaindustrie.

Mit der SolutionsAcademy gründete Frau Dierolf ein Beratungsunternehmen und einen Fachverlag mit Spezialisierung auf lösungsfokussierten Prozessen in Organisationen. Es geht nie um Ursachenanalyse oder Schuldzuweisung und Klassifizierung, sondern immer um die Ziele der Kunden, deren Ressourcen und erste Schritte. So kann Frau Dierolf in den komplexesten Umfeldern und menschlich schwierigsten Situationen Lösungen finden helfen.

Frau Dierolf arbeitet international mit Projekten und Vorträgen zu lösungsfokussierter Beratung auf der ganzen Welt von Kasachstan bis Australien und zurück.

Zusammen mit Louis Cauffman schrieb sie das Buch »Der Lösungstango«, das im Carl Auer Verlag erschien. Sie hat einen Lehrauftrag an der evangelischen Fachhochschule Freiburg zum Thema interkulturelle und lösungsfokussierte Supervision.

Frau Dierolf ist Botschafterin der EU-Kommission im »European Network of Female Entrapreneurship Ambassadors« und Präsidentin des internationalen Verbandes lösungsfokussierter Berater SFCT.

Stimmen zum Buch

»›Warum hat sie das nicht viel früher geschrieben!‹ Und: ›Wenn ich das schon viel früher zur Verfügung gehabt hätte!‹ So reagiert man fast auf jeder Seite. Nicht ein Schatzkästchen – ein Schatzkasten voller inspirierender Ansätze und gebrauchsfertiger Tools. Es jucken einem einfach die Hände, um sie gleich zu verwenden. Nummer eins in meiner Liste von Büchern über lösungsfokussiertes Coaching: kristallklarer Stil, reichhaltiger Inhalt, spannende Beispiele, ein Genuss zu lesen und dazu ein Spickzettel für Momente, in denen die Kunden ›lästig‹ werden: ›Wie hat Kirsten Dierolf es geschafft?‹"

Luc Isebaert, Director Korzybski International

„Kirsten liefert ein intelligentes Rundbild des lösungsfokussierten Teamcoachings. Vielfältige Praxisberichte aus allen Lebenslagen des Teamcoachings gehen einher mit scharfsinniger theoretischer Fundiertheit. Und noch dazu zeigt die Autorin, was andere schon erfunden haben und wie die existierenden Modelle und Methoden in der Praxis aussehen. Ein bestärkendes Buch: Lieber Teamcoach, liebe Teamcoach, Dir kann nichts passieren!"

Katalin Hankovszky Christiansen M.A., solutionsurfers® Hungary

»In ihrem neuen Buch bietet Kirsten Dierolf einen fundierten Blick in die Praxis lösungsfokussierter Arbeit in Organisationen. Die einfachen Prinzipien und wirkungsvollen Methoden werden von ihr an vielen Beispielen so demonstriert, dass sie leicht in die eigene Praxis übertragen werden können. Mit viel Humor beschreibt sie auch die Fallstricke des Teamcoachings und wie sich (vermeintlich) schwierige Situationen elegant lösen lassen. Unbedingt empfehlenswert für alle Kolleginnen und Kollegen, die Workshops noch ressourcen- und fortschrittsorientierter gestalten und sich dabei den Spaß an der Arbeit erhalten wollen.«

Dr. Peter Röhrig, ConsultContor – Beratung und Coaching, Köln

Ebenfalls
erschienen:

Liselotte Baeijaert und
Anton Stellamans

Resilienz:
Ein Werkstattbuch
zur Widerstandskraft

Aus dem Englischen von
Jutta Bleuel und
Kirsten Dierolf

ISBN: 978-3-944293-01-1
140 S., Paperback, € 24,95